U0162687

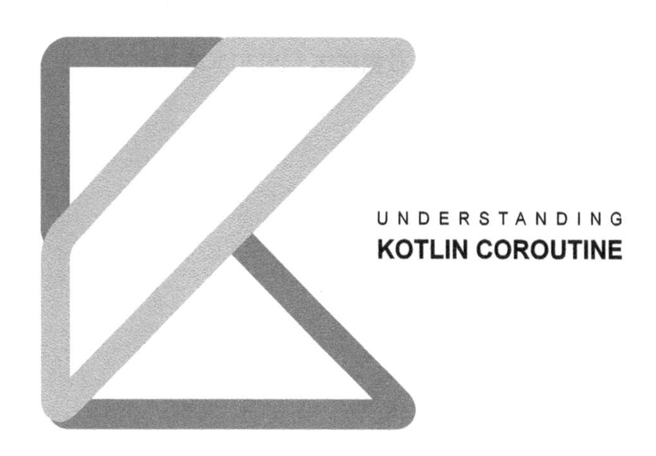

深入理解 Kotlin协程

霍丙乾◎著

图书在版编目（CIP）数据

深入理解 Kotlin 协程 / 霍丙乾著．—北京：机械工业出版社，2020.5（2025.1 重印）

ISBN 978-7-111-65591-6

I. 深…　II. 霍…　III. JAVA 语言－程序设计　IV. TP312.8

中国版本图书馆 CIP 数据核字（2020）第 080554 号

深入理解 Kotlin 协程

出版发行：机械工业出版社（北京市西城区百万庄大街 22 号　邮政编码：100037）

责任编辑：栾传龙　　责任校对：李秋荣

印　　刷：固安县铭成印刷有限公司　　版　　次：2025 年 1 月第 1 版第 6 次印刷

开　　本：186mm×240mm　1/16　　印　　张：14.75

书　　号：ISBN 978-7-111-65591-6　　定　　价：79.00 元

客服电话：（010）88361066　68326294

版权所有・侵权必究

封底无防伪标均为盗版

Preface 前　言

为什么要写这本书

我应该算是国内比较早接触和使用 Kotlin 的开发者了。

知道这门语言完全是个偶然。当时我还在阿里巴巴实习，周末没事去公司蹭吃蹭喝蹭电脑，编译了 Hotspot 源码觉得还不过瘾，又开始编译 IntelliJ IDEA 的社区版。

某天下午我遇到件烦心事，编译并不是很顺利。我发现有一种没见过的后缀为 kt 的文件，顿时感到压力倍增，Groovy 和 Scala 我还没学会呢，怎么又来一个！不过，当时我只是按照说明把 Kotlin 的环境搭建好，并没有继续理会这门还处在 v0.8 的语言。

毕业之后我就职于腾讯地图，得益于团队良好的技术氛围以及对新人的鼓励和信任，入职第一年就能有机会负责重构地图 SDK，后来为团队贡献了不少公共组件。整个过程中我既充分感受到了 Java 的魅力，也发现了它在开发效率上的不足。于是我试着用 Groovy、Scala 甚至 Python 来开发 Android，但都不太理想，最后想起 JetBrains 家的“小儿子”Kotlin，结果就一发不可收拾。

Lambda，我所欲也；扩展函数，亦我所欲也。二者居然可兼得。后来我的业余时间也从研究“茴香豆的‘茴’有几种写法”变成了研究“这段 Java 代码用 Kotlin 能怎么简化”。可是，当时身边的同事和同行似乎并没有对 Java 感到疲惫，于是我又开始试着录视频、写文章，最终走上了 Kotlin 的布道之路。

幸运的是，Kotlin 在 2017 年的 Google I/O 大会上被提为 Android 开发的一级语言，这着实让它火了一把。那时候绝大多数 Android 工程师可能都没有听说过这门语言，它有何德何能竟会受到 Google 的青睐？

当时，我和几个天天因 Kotlin 的特性而相互“口诛笔伐”的群友们聚到一起，考虑是否要写本书——大家也许需要这样一本书来了解 Kotlin。不过，这本书因写作时间很长，耗尽了大家的热情，我们尚未定稿，国内其他 Kotlin 入门书已陆续面世。至于我负责的协程部分，从协程还是个“宝宝”开始，先后重写了三次，现在的 Kotlin 协程俨然是一位“大叔”了。

2019 年，机械工业出版社的杨福川老师找到我，问我要不要写点什么。我想，Kotlin 协程现在仍然是一个很大的麻烦，国内外都没有很好的资料，官方文档又过于精练，不太适合大家入门和进阶。于是就有了这本书。

Kotlin 协程不像 Python、JavaScript 的 async/await 那样容易上手，后者似乎根本不需要明白什么是协程就能轻松使用。

我曾试着从 Kotlin 协程的标准库 API 开始讲——这样的好处是大家能够打好基础，结果大多数读者反馈这样不易学习。于是在“破解 Kotlin 协程”系列文章中，我从一开始就基于 Kotlin 项目组提供的协程框架开始介绍，并对比 RxJava 从实际问题切入，读者反映这可能是最通俗易懂的协程文章了。不过很快，在介绍到调度器和挂起原理等内容的时候，读者就开始叫苦了，反馈说读起来如同天书一般。

当然，这其中也不乏感觉良好的读者，他们期望我能系统地对比一下 Kotlin 与其他语言的协程实现的异同，这说明这部分内容本身不是问题，问题可能是铺垫做得不足。于是我仔细分析了读者反馈的问题，发现多数问题源自大家对于协程概念理解的偏差。因此在本书中，我从一开始就紧紧抓住概念问题，从各个角度去阐释什么是协程，以及 Kotlin 协程与其他常见语言的协程在实现上有何区别。在探讨概念的时候，我尽可能用实际问题引入，逐步给出解决思路，由简入繁，将协程的设计思路和实现细节尽可能地呈现出来。

还有朋友建议我在文章中多提供一些图表以方便理解，为此我在本书中为所有关键节点提供了相应的状态图、时序图等，希望能够帮助读者轻松理解探讨的内容。

读者对象

本书适用于有一定基础的 Kotlin 开发者，包括但不限于正在使用和希望使用 Kotlin 开发 Android、Web 服务、iOS、前端等应用的开发者。

本书不会讲解 Kotlin 的基础语法，因此建议 Kotlin 初学者先阅读基础书，《 Kotlin 核心编程》就是一个不错的选择。你也可以访问 https://coding.imooc.com/class/398.html 参考我在慕课网发布的“ Kotlin 入门到精通”视频课程，视频中详细讲解了 Kotlin 的基础与进阶知识，其中的协程部分可以与本书配套学习。

本书特色

Kotlin 协程背后的知识点非常多，本书从异步程序的设计入手，探讨异步程序设计中要面对的关键问题，并在之后围绕这几个关键问题对 Kotlin 协程的设计实现展开探讨。

在剖析 Kotlin 协程的过程中，本书除介绍 API 的基本用法以外，还提供了使用 Kotlin 协程设计实现各类复合协程 API 的思路和方法，并抽象出一套系统的设计思路，通过 CoroutineLite 这个项目的设计实现，帮助大家深入了解官方协程框架的内部运行机制。

在帮助读者掌握 Kotlin 协程内部原理的同时，本书还从 Android、Web 应用和多平台等角度提供了实践思路，帮助读者做到在原理上深入浅出，在实战中融会贯通。

为了方便内容的展开，在探讨的过程中本书也对一些概念明确进行了定义和归纳，例如简单协程、复合协程、协程体等。

本书包含了丰富的示例，以便于读者阅读参考。

为提升读者的阅读体验，本书所有代码均采用 JetBrains Mono 字体，该字体由 Kotlin 项目团队所属公司 JetBrains 为开发者专门打造，更适合代码的阅读。

如何阅读这本书

本书基于撰写时的最新 Kotlin v1.3.61 来讲解 Kotlin 协程的基本概念、实现原理和实践技巧。全书共 9 章，具体内容如下。

第 1 章主要从程序设计出发，结合实际问题引出异步程序的设计方案。异步程序的设计和实现是本书探讨的协程的基本应用场景，也是本书内容的基石。

第 2 章主要从协程本身切入，剖析协程是什么、有哪些类别，以及不同语言的协程实现有何种区别和联系等。这一章内容是理解 Kotlin 协程概念的前提。

第 3 章主要以 Kotlin 标准库的协程 API 为核心，阐述简单协程的使用方法和运行机制。简单协程是复合协程的基础，掌握这部分内容是理解协程工作机制的关键。

第 4 章主要介绍运用 Kotlin 协程的基础设施设计和实现复合协程的思路和方法，为后续对官方协程框架的学习和运用奠定基础。

第 5 章以官方协程框架为模板，介绍如何逐步实现其中的核心功能，以帮助读者了解其中的实现细节，并对复合协程的运行机制做到心中有数。这部分内容也是对前几章所述基础知识进行灵活运用的体现。

第 6 章介绍官方协程框架的运用，重点探讨了 Channel、Flow、select 的使用场景。至此，我们就已经掌握了将协程运用到实践中的基本技能。

第 7 章主要探讨协程在以 Android 为例的 UI 应用程序开发环境中面临的挑战和解决问题的方法，重点介绍了协程与 Android 生命周期的结合、协程与 RxJava 的互调用，以及 Retrofit、Room 等框架对协程的支持。

第 8 章主要探讨协程在 Web 服务开发场景中的运用，重点给出了基于 Spring、Vert.x、Ktor 这几个框架运用协程解决异步问题的方法和思路。

第 9 章主要介绍在除 JVM 以外的 JavaScript 和 Native 平台上，Kotlin 协程的应用情况。

整体看来，第 1~3 章侧重于概念的介绍，第 4 章和第 5 章侧重于介绍如何将简单协程封装成复合协程，第 6 章介绍官方框架所提供的复合协程的使用方法，第 7~9 章侧重于实战运用。

建议对协程不了解的读者从前到后循序渐进地阅读本书。如果对协程有一定的认识，包括有在 Lua、Go、JavaScript 等语言中使用协程解决异步问题的经验，可以尝试从第 6 章开始阅读，在遇到不清楚的地方时再有目的地查阅前面的内容。如果想要快速体验协程的魅力，也可以直接从第 7 章开始挑选自己感兴趣的内容阅读，但全面了解协程的运行机制和原理仍然非常必要。

另外需要说明的是，本书在第 2 章介绍协程的概念时横向对比了几类典型的协程实现，在第 4 章中会使用 Kotlin 仿照这些协程的实现风格给出对应的复合协程实现，这其中涉及 Lua、JavaScript、Go 等语言，大家不需要对这些语言有更多的认识和了解，只需了解它们的实现形式即可。

勘误和支持

我的水平有限，编写时间仓促，加之技术在不断更新和迭代，所以书中难免会出现一些错误或者不准确的地方，恳请读者批评指正。

大家可以通过以下方式提供反馈。

- 关注微信公众号 Kotlin，回复“Kotlin 协程”，在收到消息的页面评论留言。
- 在本书主页 https://www.bennyhuo.com/project/kotlin-coroutines.html 评论留言。

本书主页会提供勘误表，我会在收到反馈后及时将问题整理补充到勘误表中，对于一些比较重要的问题也会专门通过公众号和我的个人网站提供补充材料。

书中的全部源文件可以从 https://github.com/enbandari/DiveIntoKotlinCoroutines-Sources 下载，我会根据相应的功能同步更新代码。

致谢

感谢我的妻子，她是本书的第一位读者，也是第一位认真的校对者，感谢她在我遇到困难时开导和鼓励我，也感谢她在本书的整个写作过程中给予我的陪伴和提出的改进建议。还要感谢我的父母和妹妹，是他们一如既往的支持，才让我在成长过程中敢于尝试和坚持，特别感谢他们容忍我在短暂的春节假期里投入绝大多数的时间来完成书稿。

感谢腾讯地图数据采集研发团队与我并肩作战的战友们，是团队良好的技术氛围为我探索和尝试新技术提供了土壤，当然，也是他们对我很早就在项目中“肆无忌惮”地使用Kotlin进行实践给予了足够的包容。

感谢Kotlin中文社区中每一位有趣的小伙伴，书中不少内容源自大家的切磋探讨，社区的小伙伴用实力为本书内容的组织提供了有力支持。

感谢机械工业出版社的策划编辑杨福川老师，是他在这半年多的时间里始终支持我写作，鼓励和帮助我顺利完成全部书稿。

谨以此书献给所有Kotlin开发者！

霍丙乾

2020年4月

目　　录 *Contents*

前言

第1章　异步程序设计介绍……1

1.1　异步的概念……1

1.1.1　程序的执行……1

1.1.2　异步与回调……2

1.1.3　回调地狱……3

1.2　异步程序设计的关键问题……4

1.2.1　结果传递……4

1.2.2　异常处理……6

1.2.3　取消响应……8

1.2.4　复杂分支……9

1.3　常见异步程序设计思路……10

1.3.1　Future……11

1.3.2　CompletableFuture……11

1.3.3　Promise 与 async/await……13

1.3.4　响应式编程……15

1.3.5　Kotlin 协程……15

1.4　本章小结……17

第2章　协程的基本概念……18

2.1　协程究竟是什么……18

2.2　协程的分类……20

2.2.1　按调用栈分类……20

2.2.2　按调度方式分类……22

2.3　协程的实现举例……22

2.3.1　Python 的 Generator……23

2.3.2　Lua 标准库的协程实现……24

2.3.3　Go 的 go routine……27

2.4　本章小结……30

第3章　Kotlin 协程的基础设施……31

3.1　协程的构造……31

3.1.1　协程的创建……32

3.1.2　协程的启动……32

3.1.3　协程体的 Receiver……34

3.1.4　可挂起的 main 函数……36

3.2　函数的挂起……37

3.2.1　挂起函数……37

3.2.2　挂起点……38

3.2.3　CPS 变换……39

3.3　协程的上下文……41

3.3.1　协程上下文的集合特征……41

3.3.2　协程上下文元素的实现……42

3.3.3　协程上下文的使用……43

3.4　协程的拦截器……45

3.4.1　拦截的位置……45

3.4.2　拦截器的使用……46

3.4.3　拦截器的执行细节……47

3.5 Kotlin 协程所属的类别……48
3.5.1 调用栈的广义和狭义……48
3.5.2 调度关系的对立与统一……49
3.6 本章小结……50

第 4 章 Kotlin 协程的拓展实践……51

4.1 序列生成器……51
4.1.1 仿 Python 的 Generator 实现……52
4.1.2 标准库的序列生成器介绍……56
4.2 Promise 模型……57
4.2.1 async/await 与 suspend 的设计对比……58
4.2.2 仿 JavaScript 的 async/await 实现……59
4.3 Lua 风格的协程 API……61
4.3.1 非对称 API 实现……61
4.3.2 对称 API 实现……67
4.4 再谈协程的概念……72
4.4.1 简单协程与复合协程……73
4.4.2 复合协程的实现模式……73
4.5 本章小结……74

第 5 章 Kotlin 协程框架开发初探……75

5.1 开胃菜：实现一个 delay 函数……75
5.2 协程的描述……77
5.2.1 协程的描述类……78
5.2.2 协程的状态……79
5.2.3 支持回调的状态……80
5.2.4 协程的初步实现……83
5.3 协程的创建……84
5.3.1 无返回值的 launch……84
5.3.2 实现 invokeOnCompletion……85
5.3.3 实现 join……89
5.3.4 有返回值的 async……90
5.4 协程的调度……92
5.4.1 协程的执行调度……92
5.4.2 协程的调度位置……93
5.4.3 协程的调度器设计……93
5.4.4 基于线程池的调度器……94
5.4.5 基于 UI 事件循环的调度器……96
5.4.6 为协程添加默认调度器……97
5.5 协程的取消……98
5.5.1 完善协程的取消逻辑……98
5.5.2 支持取消的挂起函数……100
5.5.3 CancellableContinuation 的实现……103
5.5.4 改造挂起函数……106
5.6 协程的异常处理……109
5.6.1 定义异常处理器……110
5.6.2 处理协程的未捕获异常……111
5.6.3 区别对待取消异常……111
5.6.4 异常处理器的运用……113
5.7 协程的作用域……113
5.7.1 作用域的概念……113
5.7.2 作用域的声明……114
5.7.3 建立父子关系……116
5.7.4 顶级作用域……116
5.7.5 协同作用域……117
5.7.6 suspend fun main 的作用域……119
5.7.7 实现异常的传播……120
5.7.8 主从作用域……121
5.7.9 完整的异常处理流程……122
5.7.10 父协程等待子协程完成……122
5.8 本章小结……123

第 6 章 Kotlin 协程的官方框架……124
6.1 协程框架概述……124
6.1.1 框架的构成……124
6.1.2 协程的启动模式……126
6.1.3 协程的调度器……127
6.1.4 协程的全局异常处理器……129
6.1.5 协程的取消检查……130
6.1.6 协程的超时取消……132
6.1.7 禁止取消……133
6.2 热数据通道 Channel……134
6.2.1 认识 Channel……134
6.2.2 Channel 的容量……136
6.2.3 迭代 Channel……138
6.2.4 produce 和 actor……138
6.2.5 Channel 的关闭……140
6.2.6 BroadcastChannel……142
6.2.7 Channel 版本的序列生成器…144
6.2.8 Channel 的内部结构……146
6.3 冷数据流 Flow……148
6.3.1 认识 Flow……149
6.3.2 对比 RxJava 的线程切换……150
6.3.3 冷数据流……151
6.3.4 异常处理……151
6.3.5 末端操作符……153
6.3.6 分离 Flow 的消费和触发……153
6.3.7 Flow 的取消……154
6.3.8 其他 Flow 的创建方式……155
6.3.9 Flow 的背压……155
6.3.10 Flow 的变换……157
6.4 多路复用 select……158
6.4.1 复用多个 await……158
6.4.2 复用多个 Channel……160
6.4.3 SelectClause……161
6.4.4 使用 Flow 实现多路复用……161
6.5 并发安全……163
6.5.1 不安全的并发访问……163
6.5.2 协程的并发工具……164
6.5.3 避免访问外部可变状态……165
6.6 本章小结……166

第 7 章 Kotlin 协程在 Android 上的应用……167
7.1 Android 上的异步问题……167
7.1.1 基于 UI 的异步问题分析……167
7.1.2 “鸡肋”的 AsyncTask……169
7.1.3 “烫手”的回调……169
7.1.4 “救世”的 RxJava……170
7.2 协程对 UI 的支持……173
7.2.1 UI 调度器……173
7.2.2 协程版 AutoDispose……174
7.2.3 Lifecycle 的协程支持……176
7.3 常见框架的协程扩展……177
7.3.1 RxJava 的扩展……177
7.3.2 异步组件 ListenableFuture…179
7.3.3 ORM 框架 Room……180
7.3.4 图片加载框架 coil……181
7.3.5 网络框架 Retrofit……182
7.3.6 协程风格的对话框……183
7.4 本章小结……184

第 8 章 Kotlin 协程在 Web 服务中的应用……185
8.1 多任务并发模型……185
8.1.1 多进程的服务模型……185

8.1.2 多线程的服务模型……186
8.1.3 事件驱动与异步 I/O……186
8.2 协程在多任务模型中的运用……190
8.2.1 协程与异步 I/O……191
8.2.2 协程与“轻量级线程”……192
8.3 常见 Web 应用框架的协程扩展……193
8.3.1 Spring 的响应式支持……193
8.3.2 Vert.x……196
8.3.3 Ktor……199
8.4 本章小结……203
第 9 章 Kotlin 协程在其他平台上的应用……204
9.1 Kotlin-Js……204
9.1.1 Kotlin-Js 概述……205
9.1.2 Kotlin-Js 上的协程……209
9.2 Kotlin-Native……212
9.2.1 Kotlin-Native 概述……212
9.2.2 Kotlin-Native 的协程支持……218
9.3 本章小结……221

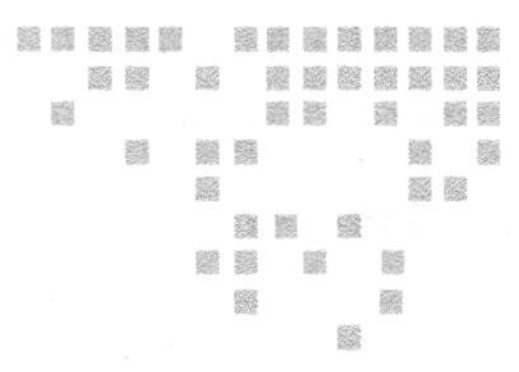

第 1 章 Chapter 1

异步程序设计介绍

Kotlin 协程主要应用于构建各类异步程序模型，因此本章先从异步程序的构建和设计入手，探讨常见的异步程序设计思路和模型。

1.1 异步的概念

按照指令执行顺序的特征，程序执行分为同步执行和异步执行，这实际上也是程序所描述的逻辑的复杂性的体现。

1.1.1 程序的执行

如果我们把处理器比作“大脑”，那么程序的执行就是处理器对指令进行“阅读理解”的过程，任何时候处理器都是逐条执行指令（见图 1-1），哪怕出现了外部中断，也不过是从这一段程序跳到另一个段程序，接着顺序执行。

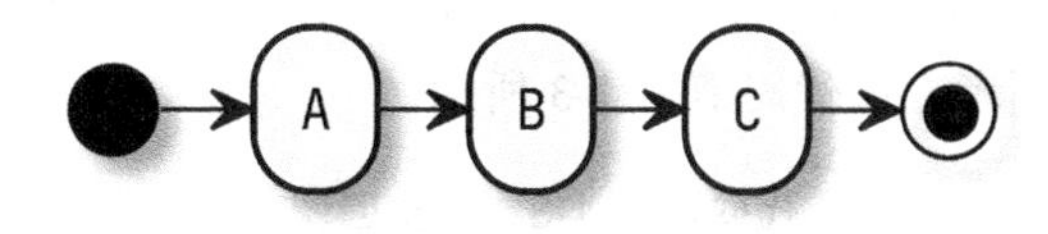

图 1-1 程序同步执行

虽然最终程序由机器去执行，编写程序的人却希望程序能够描述复杂的世界，也就是描述复杂的业务逻辑，而这些复杂的逻辑并非顺序发生的，甚至多个事件的发生之间没有明显的依赖关系，但它们却最终作用于同一个结果，而这就让程序变得复杂起来了。

在这个过程当中，指令的执行顺序有两种，其中指令按顺序执行的情形叫作**同步**执行，反之则称为**异步**执行。

> 注意 同步和异步是一组描述指令执行或者事件产生顺序的概念，经常同时提及也容易被混淆的还有并发、并行的概念，这二者描述的是多个或者多段可独立运行的程序对系统资源（主要是CPU）的占用，是对程序在不同维度上的描述。通常异步也伴随着并发或者并行的发生，但这并不是必然的。

1.1.2 异步与回调

从不同的角度来审查我们的程序，得出的结论也不同。如果只取其中很小的一段，那么多数情况下我们能看到的也不过只是一段顺序执行的指令，如代码清单 1-1 所示。

代码清单 1-1 同步代码

```
println("A")
println("B")
```

但如果多看些代码，情况也许就变得不一样了，如代码清单 1-2 所示。

代码清单 1-2 异步代码

```
val task = {
  println("C")
}

println("A")
thread(block = task)
println("B")
```

尽管看上去 task 先传给 thread 调用，但 B 和 C 却不一定哪个先输出。

异步任务可能很耗时（例如 I/O 任务），也可能因为某种原因不能立即执行（例如延时任务），我们不希望它阻碍程序主流程。等异步任务执行完毕，如果调用者关心结果，那么就要通过回调通知调用者，如代码清单 1-3 所示。

代码清单 1-3 异步回调

```
val callback = {
  println("D")
}
```

```
val task = {
  println("C")
  callback() // ... ①
}

println("A")
thread(block = task)
println("B")
```

我们定义了一个 callback，并在 task 执行完毕后的①处调用这个 callback，让调用者收到这个事件。以上程序的执行流程如图 1-2 所示。

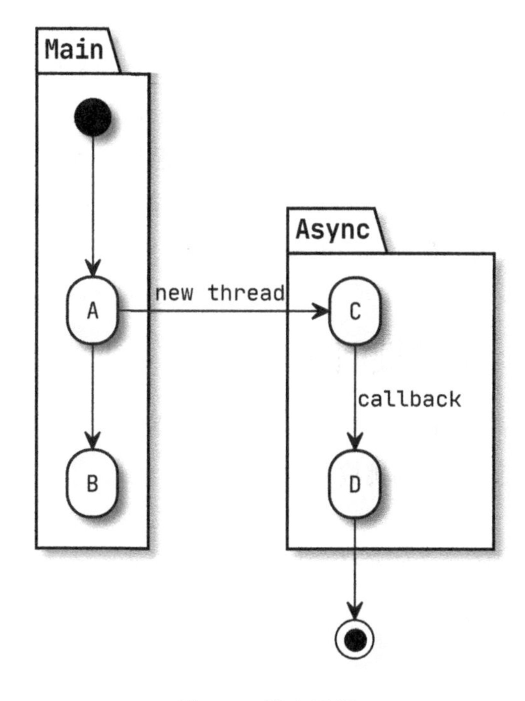

图 1-2　异步回调

当然，实践当中通常会涉及从 C 到 D 的过程中的线程切换，主流程执行到 B 时可能通过执行某种操作开始等待异步任务，直到在 D 处将异步任务转回主流程。

提示　thread 函数是 Kotlin 标准库中对 Java Thread 的封装，调用后默认立即启动线程执行。

1.1.3　回调地狱

目前看来，我们给出的示例逻辑还算清晰，毕竟代码量很小。在实践当中随着代码量的增加，回调不断嵌套，就会出现大家经常提到的“回调地狱”问题，如代码清单 1-4 所示。

代码清单 1-4　回调地狱

```
runOnIOThread {
  println("A")
  delay(1000){
    println("B")
    runOnMainThread {
      println("C")
    }
  }
}
```

尽管“回调地狱”的存在让我们的程序变得难以理解和掌控，但它却很好地反映了现实中事件交互的本质。试想一下，我们是不是经常在上班时疲于应对各种消息而无法专注地写好一段程序，最终只好求助于各种待办清单来按照重要程度管理要做的事情？与此类似，对于程序设计中复杂的异步事件交互，我们就不得不引入诸如 EventBus 这样的框架或者**生产 – 消费者**模型来统一管理和约束异步交互。

1.2　异步程序设计的关键问题

与同步程序相比，异步程序的设计复杂度往往更高，通常在同步程序中能够轻易实现的功能在异步程序中却面临较大的挑战。

1.2.1　结果传递

不同于同步调用，由于异步调用不是立即返回的，因此被调方的逻辑通常存在两种情形：

- 结果尚未就绪，进入任务执行的状态，待结果就绪后通过回调传递给调用方；
- 结果已经就绪，可以立即提供结果。

两种情况如图 1-3 所示，见代码清单 1-5。

代码清单 1-5　异步回调返回结果的两条路径示意

```
fun asyncBitmap(
  url: String,
  callback: (Bitmap) → Unit
): Bitmap? {
  return when (val bitmap = Cache.get(url)) {
    null → {
```

```
        thread {
          download(url)
            .also { Cache.put(url, it) }
            .also(callback)
        }
        null
      }
      else -> bitmap
    }
  }
```

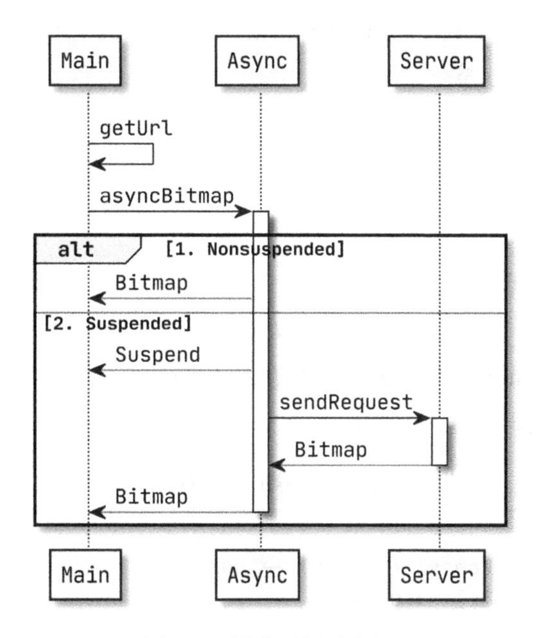

图 1-3　异步回调示意图

asyncBitmap 函数的逻辑结果是 Bitmap 类型，如果结果已经存在，会直接将结果返回，否则返回 null，通知主流程开始执行异步任务，等异步操作结束之后再通过回调来返回结果。调用它的代码见代码清单 1-6。

代码清单 1-6　调用异步函数 asyncBitmap

```
val bitmap = asyncBitmap("...") {
  show(it) // ... ② 异步请求
}

if (bitmap != null) {
  show(bitmap) // ... ① 直接返回
}
```

代码清单 1-6 中的序号与图 1-3 对应，其中①对应 Nonsuspended 分支，②对应 Suspended 分支，我们可以确保程序总是可以沿着①或者②当中的一条路径执行。

当然，通常我们不会如此设计回调 API，因为这样反而让程序写起来更复杂了。更为常见的做法是，在结果就绪的情况下仍然立即以回调的形式传递给调用方，以保证结果传递方式的透明性。

不过，如果能够借助编译器的手段来简化这段逻辑的编写，本节提供的这个思路会非常有用。

> 提示 Kotlin 协程的挂起函数（suspend function）本质上就采取了这个异步返回值的设计思路，详情见 3.2.3 节。

1.2.2 异常处理

同步逻辑的异常处理非常直观，我们可以简单地用 try...catch 语句来实现对整个流程任意位置的异常的捕获，但异步逻辑的异常处理就显得不是很直接了。

首先简化 asyncBitmap 函数，去掉立即返回结果的路径，保留常见的回调写法，并增加对异常的处理，如代码清单 1-7 所示。

代码清单 1-7 异步回调的异常处理

```
fun asyncBitmap(
  url: String, onSuccess: (Bitmap) -> Unit,
  onError: (Throwable) -> Unit
) {
  thread {
    try {
      download(url).also(onSuccess)
    } catch (e: Exception) {
      onError(e)
    }
  }
}
```

调用的时候我们很自然地传入一个异常处理函数，如代码清单 1-8 所示。

代码清单 1-8 传递异常处理函数

```
val url = "https://www.bennyhuo.com/assets/avatar.jpg"
checkUrl(url)
asyncBitmap(url, onSuccess = ::show, onError = ::showError)
```

当异步调用出现异常时，我们调用 showError 来处理异常的输出，不过这只是对异步调用的异常做了处理。如果 url 不合法，checkUrl 函数抛出了异常呢？或者 asyncBitmap 内部在启动异步任务时就抛出了未捕获的异常呢？如代码清单 1-9 所示。

代码清单 1-9　完善异常捕获

```
try {
  val url = "https://www.bennyhuo.com/assets/avatar.jpg"
  checkUrl(url)
  asyncBitmap(url, onSuccess = ::show, onError = ::showError)
} catch (e: Exception) {
  showError(e)
}
```

我们看到，一旦产生了异步调用，异常处理就变得复杂起来了，这里 showError 被调用了两次，实际生产实践中的情况可能更复杂。

换个角度，异常也是函数调用结果的一种，既然 asyncBitmap 本身也可能抛出异常，那我们完全可以对抛出的异常与返回的结果一视同仁。如果有一些手段能帮我们把异常的处理合并，我们处理起来就会相对轻松一些。仔细对比图 1-4 和图 1-5，同样存在异步逻辑，只不过后者的异步的调用流程通过编译器或者其他手段简化成了“同步化”的调用，因此前者需要分别处理 A 到 B 和 C 到 D 处的异常，而后者对整体流程做一次处理即可，复杂度明显降低。

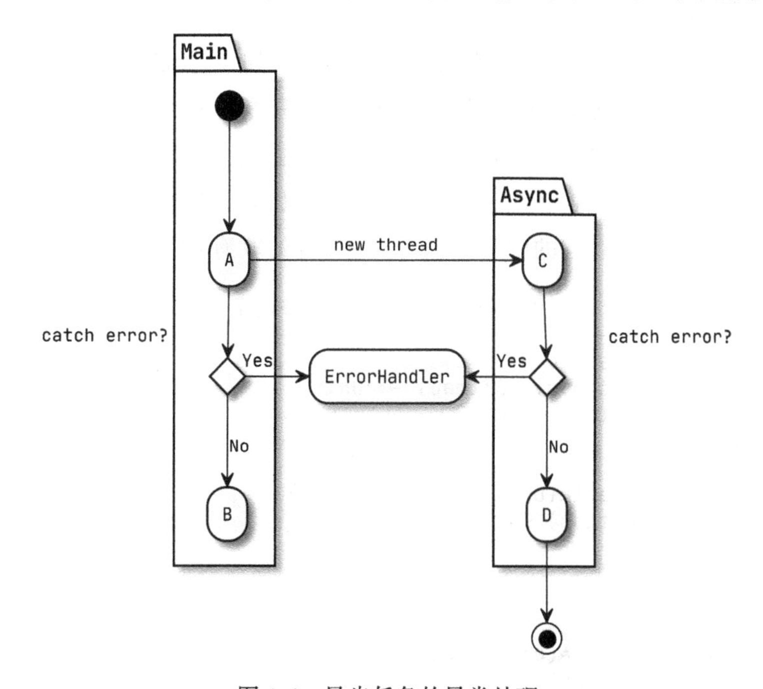

图 1-4　异步任务的异常处理

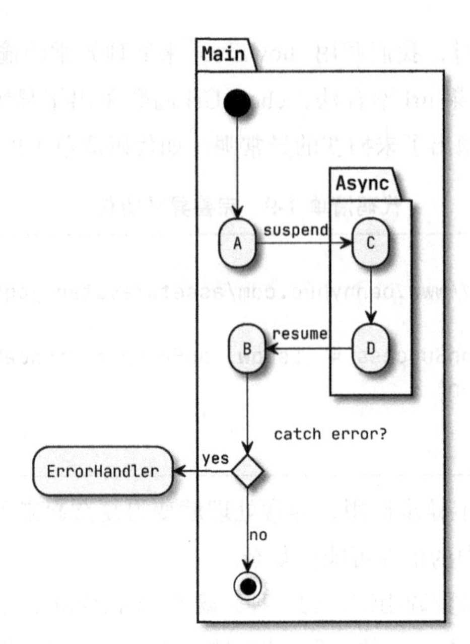

图 1-5　同步流程的异常处理

异步逻辑同步化正是 Kotlin 协程要解决的问题。

1.2.3　取消响应

异步任务如果不加任何约束，就像放出去的小狗，如果它玩够了，就会自己回来。但也有很多情况下我们希望它能提前回来，这种情况就只能出去找了，当然，还不一定找得到。所以异步任务必须要像风筝一样，在需要的时候能够由外部主动收回。

对于前面的例子，最简单的改法就是将 thread 函数创建的 Thread 实例返回，在 download 函数中不断检查线程的中断标志来实现任务的取消响应。如代码清单 1-10 所示。

代码清单 1-10　取消异步调用

```
fun asyncBitmapCancellable(
  url: String, onSuccess: (Bitmap) -> Unit,
  onError: (Throwable) -> Unit
) = thread {
  try {
    downloadCancellable(url).also(onSuccess)
  } catch (e: Exception) {
    onError(e)
  }
}

fun downloadCancellable(url: String): Bitmap {
  return getAsStream(url).use { inputStream ->
```

```
    val bos = ByteArrayOutputStream()
    val buffer = ByteArray(1024)
    while (true) {
      ...
      if (Thread.interrupted())
        throw InterruptedException("Task is cancelled.")
    }
    bos.toByteArray()
  }
}
```

如果需要取消任务，调用 asyncBitmapCancellable 返回的线程的 interrupt 函数即可。

请注意，取消响应中的响应是很关键的一点，需要异步任务主动配合取消，如果它不配合，那么外部也就没有办法，只能听之任之了。这时的异步任务颇有断线风筝的意思，能否回来只能看风筝自己的“心情”了。

> 注意　JDK 最初提供了停止线程的 API，但它很快就被废弃了，因为强行停止一个线程会导致该线程中持有的资源无法正常释放，进而出现不安全的程序状态。

1.2.4　复杂分支

我们可以为同步的逻辑添加分支甚至循环操作，但对于异步的逻辑而言，想要做到这一点就相对困难了，如代码清单 1-11 所示。

代码清单 1-11　同步循环

```
val bitmaps = urls.map { syncBitmap(it) }
```

调用 syncBitmap 可以同步获取一个 Bitmap 实例，并且很容易就能写出批量同步获取多个 Bitmap 实例的逻辑，如代码清单 1-11 所示。我们甚至还可以很方便地用一个 try...catch 来捕获这其中出现的所有异常。

而对于 asyncBitmap 而言呢？由于需要将所有的结果整合起来，因此我们还需要用到一些同步工具，见代码清单 1-12。

代码清单 1-12　异步循环

```
val countDownLatch = CountDownLatch(urls.size)
val map = urls.map { it to EMPTY_BITMAP }
  .toMap(ConcurrentHashMap<String, Bitmap>())
urls.map { url ->
  asyncBitmap(url, onSuccess = {
    map[url] = it
    countDownLatch.countDown() // ... ②
  }, onError = {
    showError(it)
```

```
        countDownLatch.countDown() // ... ③
      })
    }
    countDownLatch.await() // ... ①
    val bitmaps = map.values
```

这段程序会在①的位置阻塞，直到所有回调的②或③位置执行之后才会继续执行。程序的执行流程如图 1-6 所示。

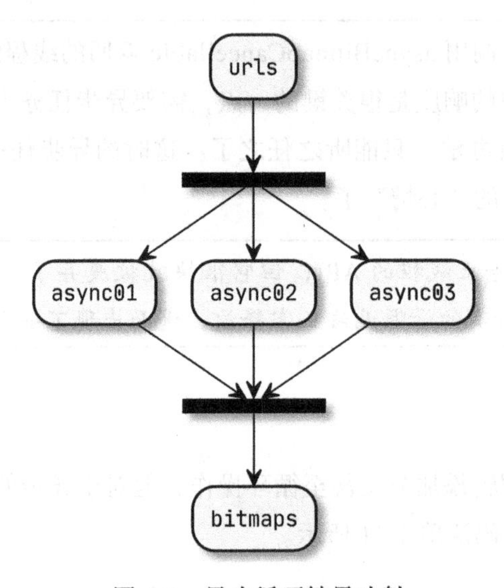

图 1-6 异步循环结果映射

如果大家不熟悉 CountDownLatch，一时间可能很难明白这段代码的执行流程。没关系，我们知道它很复杂就够了。

提示 EMPTY_BITMAP 是一个空的 Bitmap 对象，用来充当空对象。这样做是因为 ConcurrentHashMap 中的 value 不能为 null。

1.3 常见异步程序设计思路

如果有某种手段能够将异步回调流程与主流程整合起来，让代码看起来如同同步调用一般，异步程序的设计复杂度就会大大降低，基于这样的 API 我们也就能够更加轻松地设计出强大的程序。接下来我们会介绍几种异步程序设计的 API，实现的效果都是由 urls 到 bitmaps 的批量异步任务结果映射。通过这个过程，我们也希望读者能够看出来这些 API 之间的演进关系。

1.3.1 Future

Future<T> 是 JDK 1.5 版本时就引入的接口。它有一个 get 方法，能够同步阻塞地返回 Future 对应的异步任务的结果，所以如果我们有个返回 Future<Bitmap> 的函数如代码清单 1-13 所示，问题是不是就简单些了呢？

代码清单 1-13　返回 Future 的异步函数

```
fun bitmapFuture(url: String): Future<Bitmap> {
  return ioExecutor.submit(Callable {
    download(url)
  })
}
```

于是我们简化一下前面用了并发工具才能写出的循环逻辑，如代码清单 1-14 所示。

代码清单 1-14　使用 Future 实现异步结果的循环

```
val bitmaps = urls.map {
  bitmapFuture(it)
}.map {
  it.get()
}
```

这段代码已经比代码清单 1-12 清楚多了，读者很容易明白我们用一串 url 异步请求并最终得到了一串对应的 bitmap，巧妙的是，这里面的顺序还能保持一致，因为 get 只在结果就绪时才会返回，所以 bitmaps 的顺序也与 urls 严格对应。

不过真是“成也萧何，败也萧何”，虽然我们可以触发异步任务的执行，并且在需要结果的位置通过 get 来拿到结果，但一旦我们调用了其中的某一个 get，当前调用也就被阻塞了，在所有的 get 返回之前，当前的调用流程会一直被限制在这段逻辑里。

1.3.2 CompletableFuture

从某种意义上来讲，通过阻塞当前调用来等待异步结果，让异步的逻辑变得不像“异步”了，是因为我们还得同步地等待结果。因此 JDK 1.8 又新增了一个 CompletableFuture 类，它实现了 Future 接口，通过它我们可以拿到异步任务的结果，此外，它还有很多更好用的方法。我们先将之前的代码改造成 CompletableFuture 的形式，见代码清单 1-15。

代码清单 1-15　返回 CompletableFuture 的异步函数

```
fun bitmapCompletableFuture(): CompletableFuture<Bitmap>
  = CompletableFuture.supplyAsync {
      ... // 省略获取图片的逻辑
```

```
}
```

使用 CompletableFuture 来获得结果就显得更巧妙了，如代码清单 1-16 所示。

代码清单 1-16 整合多个 CompletableFuture 的结果

```
urls.map {
  bitmapCompletableFuture(it)
}.let { futureList ->
  CompletableFuture.allOf(*futureList.toTypedArray())
    .thenApply {
      futureList.map { it.get() }
    }
}.thenAccept { bitmaps ->
  ... // 省略处理图片
}
```

同样，我们通过 urls 得到了 bitmaps，并且 thenAccept 只会在结果就绪时回调，因此这段逻辑也不会阻塞整体代码的执行流程。

当然，CompletableFuture 的 API 还不是十分好用，本例当中我们为了整合多个 CompletableFuture<Bitmap>，要先通过 allOf 构造出一个 CompletableFuture<Void>，后者会在所有的 Bitmap 都就绪时回调它自己的 thenApply，我们再通过 get 函数一一拿到对应的 Bitmap。这个过程完全可以提供一个 API 供开发者使用，我们可以使用 Kotlin 的扩展函数来试着提供这个实现，如代码清单 1-17 所示。

代码清单 1-17 整合 CompletableFuture 结果的 API

```
fun <T> List<CompletableFuture<T>>.allOf(): CompletableFuture<List<T>> {
  return CompletableFuture.allOf(*this.toTypedArray())
    .thenApply {
      this.map { it.get() }
    }
}
```

这样我们前面的代码就可以进一步简化了，如代码清单 1-18 所示。

代码清单 1-18 简化的 CompletableFuture 调用

```
urls.map {
  bitmapCompletableFuture(it)
}.allOf().thenAccept { bitmaps ->
  ... // 省略处理图片
}
```

与直接使用 Future 不同，get 函数的调用仍然在 CompletableFuture 提供的异步调用环境当中，不会阻塞主调用流程。

CompletableFuture 算是 JDK 提供的很好用的异步 API，它解决了异步结果阻塞主调用流程的问题，但却让结果的获取脱离了主调用流程。那么，有没有既不阻塞又不脱离主调用流程的办法呢？

1.3.3 Promise 与 async/await

CompletableFuture 还实现了另一个接口——CompletionStage，前面我们用到的 thenAccept 类似的方法也都是这个接口的 API。从定义和功能来看，CompletionStage 是一个 Promise。

那么 Promise 又是什么呢？按照 Promises/A+（https://promisesaplus.com/）给出的定义，Promise 是一个异步任务，它存在**挂起**、**完成**、**拒绝**三个状态，当它处在完成状态时，结果通过调用 then 方法的参数进行回调；出现异常拒绝时，通过 catch 方法传入的参数来捕获拒绝的原因。

从 ECMAScript 6 开始，JavaScript 就已经支持 Promise 了，我们先来看之前的例子怎么用 Promise 来实现，如代码清单 1-19 所示。

代码清单 1-19 使用 Promise 批量获取图片（JavaScript）

```
function bitmapPromise(url) {
  return new Promise((resolve, reject) => {
    try {
      download(url, resolve)
    } catch (e) {
      reject(e)
    }
  })
}

const urls = ...; // 省略 url 的获取
Promise.all(urls.map(url => bitmapPromise(url)))
  .then(bitmaps => console.log(bitmaps))
  .catch(e => console.error(e))
```

我们注意到，JavaScript 的 Lambda 语法更接近 Java 8。以 url => bitmapPromise(url) 为例，url 是参数，bitmapPromise(url) 是表达式体，由于只有一行，因此它的返回值也是 Lambda 表达式的返回值。

我们通过 bitmapPromise 函数创建 Promise 实例，后者接收一个 Lambda 表达式，这个 Lambda 表达式有两个参数，resolve 和 reject，分别对应**完成**和**拒绝**状态的回调。其中 resolve 会作为参数传给 download 函数，在图片获取完成之后回调。

Promise.all 会将多个 Promise 整合到一起，这与我们前面为整合 CompletableFuture 而定义的 List<CompletableFuture<T>>.allOf 如出一辙。最终我们得到一个新的 Promise，它的结果是整合了前面所有 bitmapPromise 函数返回的结果的 bitmaps，因此我们在 then 当中传入的 Lambda 表达式就是用来处理消费这个 bitmaps 的。

这样看起来很不错，达到了与 CompletableFuture 同样的效果，不过还可以更简洁。我们可以通过 async/await 将上面的代码进一步简化，如代码清单 1-20 所示。

代码清单 1-20 使用 async/await

```
async function main() {
  try {
    const bitmaps = await Promise.all(urls.map(url => bitmapPromise(url)));
    console.log(bitmaps);
  } catch (e) {
    console.error(e);
  }
}
```

我们给整个逻辑的外部函数加上了 async 关键字，这样就可以在异步调用返回 Promise 的位置加上 await，这个语法糖可以把前面的 then 和 catch 调用转换成我们熟悉的同步调用语法。这样看上去逻辑是否清楚多了呢？

当然，由于每个 bitmapPromise 函数返回的都是 Promise，因此我们也可以对每一个 Promise 进行 await，如代码清单 1-21 所示。

代码清单 1-21 循环中使用 async/await

```
async function main() {
  try {
    const promises = urls.map(url => bitmapPromise(url));
    const bitmaps = [];
    for (const promise of promises) {
      bitmaps.push(await promise)
    }
    console.log(bitmaps);
  } catch (e) {
    console.error(e);
  }
}
```

async 和 await 很好地兼顾了异步任务执行和同步语法结构的需求，凡是有过回调开发经验的开发者都可以很容易理解它的内在含义。以下几个较为流行的语言也支持这一特性：

- JavaScript ES 2016（ES7）

- C# 5.0
- Python 3.5
- Rust 1.39.0

而本书的主角 Kotlin 对 async/await 的支持稍微有些不同，它没有引入这两个关键字就实现了这一功能。具体如何做到这一点，我们将在后面详细介绍。

> 注意　本书在介绍协程概念时，会涉及与其他语言的对比，例如常见的 JavaScript、Go 等。这些语言都偏向命令式风格，语法上与 Java、Kotlin 相近，通过我们的剖析，读者应该可以大致理解它们的执行过程。这些内容仅做了解即可。

1.3.4　响应式编程

响应式编程（Reactive Programming）主要关注的是数据流的变换和流转，因此它更注重描述数据输入和输出之间的关系。输入和输出之间用函数变换来连接，函数之间也只对输入输出负责，因此我们可以很轻松地通过将这些函数调用分发到其他线程上的方法来实现异步，RxJava 就是这样一个很好的例子。我们仍然以获取图片为例，用 RxJava 的 Observable 来实现，如代码清单 1-22 所示。

代码清单 1-22　使用 Observable

```
Observable.just("...")
  .map { download(it) }
  .subscribeOn(Schedulers.io()) // 切换线程调度器
  .subscribe({ bitmap -> ... }, // 省略图片处理逻辑
    { throwable -> ... }) // 省略异常处理逻辑
```

上述代码看上去逻辑似乎与前面的 Promise 没有太大区别，对于只有一个元素输入的例子，RxJava 提供了一个更合适也更像 Promise 的 API，叫作 Single。在代码清单 1-22 中我们直接用 Single 替换 Observable 即可，二者的不同之处在于 Single 只有一个结果，Observable 则可以不停地发送事件而产生多个结果。

不过，Observable 跟前面提到的 Future 和 Promise 有一个很大的不同，它的逻辑执行取决于订阅，而不是立即执行。此外，它还提供了任意变换之间可以切换线程调度器的能力，这一能力让复杂的数据变换和流转可以轻易实现异步。当然，这也曾一度让它被滥用为线程切换的工具。

1.3.5　Kotlin 协程

Kotlin 协程（Coroutines）也是为异步程序设计而生的。有人称它只是一个“线程框

架”，认为Kotlin协程就是用来切换线程的，这显然有些“一叶障目，不见泰山”了。

Kotlin协程的设计很巧妙，它只用了一个关键字suspend来表示挂起点，包含了异步调用和回调两层含义。我们前面提到，所有异步回调对于当前调用流程来讲都是一个挂起点，在这个挂起点我们可以做的事情非常多，既可以像async/await那样异步回调，又可以添加调度器来处理线程切换，还可以作为协程取消响应的位置，等等。

我们先来看一个Kotlin协程处理异步调用的例子，见代码清单1-23。

代码清单 1-23　使用 Kotlin 协程

```
suspend fun bitmapSuspendable(url: String): Bitmap =
  suspendCoroutine<Bitmap> { continuation ->
    thread {
      try {
        continuation.resume(download(url))
      } catch (e: Exception) {
        continuation.resumeWithException(e)
      }
    }
  }
```

被suspend关键字修饰的函数叫作**挂起函数**（suspend function），类似我们前面提到的被async修饰的函数，表示该函数支持同步化的异步调用。

我们使用标准库API suspendCoroutine<T>函数的返回值类型作为挂起函数bitmap-Suspendable的返回值类型，也就是泛型参数T的实参Bitmap。这个函数除了确定返回值类型外，还能够帮我们拿到一个Continuation的实例，负责保存和恢复挂起状态，逻辑效果上类似于Promise，其中几个函数意义如下。

- resume：类似于Promise的resolve，将正常的结果返回，它的参数实际上就是bitmapSuspendable的返回值Bitmap。
- resumeWithException：类似于Promise的reject，将异常返回，它的参数实际上就是bitmapSuspendable调用时会抛出的异常。

调用时，所有的挂起函数必须在其他挂起函数（或者协程体）中调用，这就好像await只能在async当中使用一样，如代码清单1-24所示。

代码清单 1-24　调用 Kotlin 的挂起函数

```
suspend fun main() {
  try {
    val bitmap = bitmapSuspendable("...")
    ... // 省略图片处理
  } catch (e: Exception) {
```

```
        ... // 省略异常处理
    }
}
```

调用时，挂起函数就相当于 await 之后的结果，因此大家可以看到，suspend 这个关键字可以说是“分饰两角”：声明函数类型时充当 async 的作用，调用时充当 await 的作用。

这里我们仅仅对 Kotlin 协程进行简单介绍，目的是让大家充分了解异步程序设计的发展过程。我们将从第 3 章开始系统剖析 Kotlin 协程的实现细节和运用场景。

提示　Kotlin 从 1.3.0 开始正式支持协程，suspend fun main 作为入口函数也同时得到了支持。

1.4　本章小结

本章我们主要探讨了异步程序的概念、异步程序的设计及可以用来简化异步程序设计的常见框架和特性。通过本章的探讨，可以得出以下结论。

- 本质上，异步和同步这两个概念探讨的是程序的控制流程，异步的同时也经常伴随着并发，但这不是必然的。
- Kotlin 协程是用来简化异步程序设计的，可以在实现任务的异步调用的同时，降低代码的设计复杂度，进而提升代码可读性。

Chapter 2 第 2 章

协程的基本概念

大多数开发者在刚接触到 Kotlin 协程的时候通常会产生一连串的问题，其中最关键的莫过于“协程到底是什么”和“ Kotlin 协程到底有什么用”这两个问题。本章我们就“协程到底是什么”展开讨论，希望能帮助大家加深对协程概念的理解和认识。

本章的内容会稍微有些枯燥，不过笔者尽可能多列一些实例来对概念进行阐述。这些实例涉及多门语言实现的对比和一些概念细节的讨论，需要大家对操作系统的任务调度有一定的了解。

2.1 协程究竟是什么

Kotlin 的协程从 Kotlin 1.1 实验版（Experimental）到现在，已经非常成熟了，但大家对它的概念却一直存在各种疑问。长期以来，业界对协程的概念一直没有清晰统一的界定，Lua 之父 Roberto Ierusalimschy 在论文“ Revisiting Coroutines”中提到，协程鲜见于早期语言实现，究其原因，部分即源于此（见图 2-1）。

> The absence of coroutine facilities in mainstream languages can be partly attributed to the lacking of an uniform view of this concept, which was never precisely defined. Marlin's doctoral thesis [Marlin 1980], widely ac-

图 2-1 “Revisiting Coroutines”中对于协程概念的讨论

更有意思的是，在查阅资料的过程中，你经常会陷入似懂非懂的状态：觉得别人说的都挺对，可一旦想用就不知如何下手了。这很正常，因为在统一的标准出现之前，大家各有各的理解，不能说谁对谁错，只能说在细节上各有千秋。

显然，这对初学者不太友好，毕竟概念不清晰会让人摸不着头脑。我们看到的大都是不同语言对于协程的实现或者衍生，而不是一个确定的定义，这对后续学习来说有很大困难，因为在很难界定一个东西"是什么"的时候，自然很难进入知识获取过程中的"为什么"和"怎么办"这两个后续环节了。

延伸　类似的例子还有早期的 JavaScript。各家在对 JavaScript 的支持上也是随心所欲，直到 ECMAScript 标准出现并被广泛支持，情况才稍有好转。而我们熟悉的 Java 从一开始就"根红苗正"，虽然虚拟机有不同的实现，但也都需要符合虚拟机规范，就连不符合 Java 虚拟机规范的 Android 虚拟机 Dalvik、Art，也至少在运行 Java 代码时让开发者感受不到明显的差异。因此 JavaScript 的书通常要花大量篇幅来介绍 JavaScript 是什么，而 Java 的书通常只需要告诉你它最初被称为 Oak，因为这个名字被抢注才更名为 Java 的。

问题的关键在于，协程的概念真的不清晰吗？并非如此，协程的概念最核心的点就是函数或者一段程序能够被挂起，稍后再在挂起的位置恢复。挂起和恢复是开发者的程序逻辑自己控制的，协程是通过主动挂起出让运行权来实现协作的，因此它本质上就是在讨论程序控制流程的机制，这是最核心的点，任何场景下探讨协程都能落脚到**挂起**和**恢复**。

协程与线程最大的区别在于，从任务的角度来看，线程一旦开始执行就不会暂停，直到任务结束，这个过程都是连续的。线程之间是抢占式的调度，因此不存在协作问题。

我们再来理一理协程的概念。

- 挂起恢复。
- 程序自己处理挂起恢复。
- 程序自己处理挂起恢复来实现程序执行流程的协作调度。

相比之下，主流操作系统都有成熟的线程模型，应用层经常提到的线程的概念大多是对应于内核线程的，所以不同的编程语言一旦引入了线程，那么基本上就是照搬了内核线程的概念。线程本身也不是它们实现的——这很好理解，因为线程调度需要由操作系统控制。

延伸　Java 对线程提供了很好的支持，这也是 Java 在高并发场景风生水起的一个关键支柱。如果你有兴趣，可以看看虚拟机底层对线程的支持，例如 Android 虚拟机，其实就是 pthread。Java 的 Object 还有一个 wait 方法，它几乎支撑了各种锁的实现，其底层是 condition。

绝大多数协程都是语言层面自己实现，不同的编程语言有不同的使用场景，自然在实现上也看似有很大的差异。有的语言甚至没有实现协程，但开发者可以通过第三方框架提供协程的能力，例如 Java 的协程框架 Quasar（https://docs.paralleluniverse.co/quasar），因此虽然协程的理论上看起来很简单，但实现上却呈现出多种多样的局面。

2.2 协程的分类

协程的主流实现虽然在细节上差异较大，但总体来讲仍然有章可循。

2.2.1 按调用栈分类

通常我们提及调用栈，指的就是函数调用栈，是一种用来保存函数调用时的状态信息的数据结构。

由于协程需要支持挂起、恢复，因此对于挂起点的状态保存就显得极其关键。类似地，线程会因为 CPU 调度权的切换而被中断，它的中断状态会保存在调用栈当中，因而协程的实现也可以按照是否开辟相应的调用栈来分类。

- 有栈协程（Stackful Coroutine）：每一个协程都有自己的调用栈，有点类似于线程的调用栈，这种情况下的协程实现其实很大程度上接近线程，主要的不同体现在调度上。
- 无栈协程（Stackless Coroutine）：协程没有自己的调用栈，挂起点的状态通过状态机或者闭包等语法来实现。

有栈协程的优点是可以在任意函数调用层级的任意位置挂起，并转移调度权，例如 Lua 的协程。在这方面多数无栈协程就显得力不从心了，例如 Python 的 Generator。通常，有栈协程总是会给协程开辟一块栈内存，因此内存开销也大大增加，而无栈协程在内存方面就比较有优势了。

当然也有反例。Go 语言的 go routine 可以认为是有栈协程的一个实现，不过 Go 运行时在这里做了大量优化，它的栈内存可以根据需要进行扩容和缩容，最小一般为内存页长 4KB，比内核线程的栈空间（通常是 MB 级别）要小得多，可见它在内存方面相对轻量。

Kotlin 的协程通常被认为是一种无栈协程的实现，它的控制流转依靠对协程体本身编译生成的状态机的状态流转来实现，变量保存也是通过闭包语法来实现的。不过，Kotlin 的协程可以在挂起函数范围内的任意调用层次挂起，换句话说，我们启动一个 Kotlin 协程，可以在其中任意嵌套 suspend 函数，而这又恰恰是有栈协程最重要的特性之一。

代码清单 2-1　嵌套 suspend 函数

```
suspend fun level_0() {
  println("I'm in level 0!")
  level_1() // ... ①
}

suspend fun level_1() {
  println("I'm in level 1!")
  suspendNow() // ... ②
}

suspend fun suspendNow() = suspendCoroutine<Unit> {
  ...
}
```

代码清单 2-1 中①处并没有真正直接挂起，②处的调用才会真正挂起，Kotlin 通过 suspend 函数嵌套调用的方式可以实现任意挂起函数调用层次的挂起。

当然，想要在任意位置挂起，就需要对原有的函数进行增强。以 Kotlin 为例，这种情况下最终的协程实现就不需要挂起函数了，普通函数就相当于挂起函数。不过 Kotlin 的协程设计并没有采取这样的方案，其原因如下。

- 实现这样的特性需要对普通函数的调用机制进行修改和增强，Kotlin 所支持的所有运行环境（包括 Java 虚拟机、Node.js 等）也都要提供相应的支持。这一点可以参考 Java 的协程项目 Loom。
- 对于普通函数的增强调度切换协程很多时候变成了隐式的行为，至少不怎么明显，例如 go routine，一个 API 调用之后究竟会发生什么就成了运行时提供的“黑魔法”。
- 如果想要避免隐式调度，可以在设计 API 时保留基本的 yield 和 resume 作为协程转移调度权的手段供开发者调用，但这样又显得不够实用，需要进一步封装以达到易用的效果。

Kotlin 协程的实现很好地平衡了这一点，既避免了对运行环境的过分依赖，又能满足协程在任意挂起函数调用层次挂起的需求。

与开发者通过调用 API 显式地挂起协程相比，任意位置的挂起也可以用于运行时对协程执行的干预，这种挂起方式对于开发者不可见，因此是一种隐式的挂起操作。Go 语言的 go routine 可以通过对 channel 的读写来实现挂起和恢复。除了这种显式的调度权切换之外，Go 运行时还会对长期占用调度权的 go routine 进行隐式挂起，并将调度权转移给其他 go routine，这实际上就是我们熟悉的抢占式调度了。

关于协程实现究竟属于有栈协程还是无栈协程的问题，实际上争论较多，争议点主要是调用栈本身的定义及协程实现形式上的差异。从狭义上讲，调用栈就是我们熟知的普通函数的调用栈；从广义上讲，只要是能够保存调用状态的栈都可以称为调用栈，因而有栈协程的定义也可以更加宽泛。本书中若无特别说明，调用栈均特指普通函数调用栈，并按照这个标准对协程进行分类。

2.2.2 按调度方式分类

调度过程中，根据协程调度权的转移目标的不同又可将协程分为**对称协程**和**非对称协程**。

- **对称协程**（Symmetric Coroutine）：任何一个协程都是相互独立且平等的，调度权可以在任意协程之间转移。
- **非对称协程**（Asymmetric Coroutine）：协程出让调度权的目标只能是它的调用者，即协程之间存在调用和被调用关系。

对称协程实际上已经非常接近线程的样子了，例如 Go 语言中的 go routine 可以通过读写不同的 channel 来实现控制权的自由转移，而非对称协程的调用关系实际上更符合我们的思维方式。常见语言对协程的实现大多是非对称实现，例如 Lua 的协程中，当前协程调用 yield 总是会将调度权转移给之前调用它的协程（参见 2.3.2 节）；还有我们在前面提到的 async/await，await 时将调度权转移到异步调用中，异步调用返回结果或抛出异常时总是将调度权转移回 await 的位置。

从实现的角度来讲，非对称协程的实现更自然，也相对容易，而我们只要对非对称协程稍作修改，即可实现对称协程的能力。在非对称协程的基础上，我们只需要添加一个中立的第三方作为协程调度权的分发中心，所有的协程在挂起时都将调度权转移给分发中心，分发中心根据参数来决定将调度权转移给哪个协程，例如 Lua 的第三方库 coro（http://luapower.com/coro）和 Kotlin 协程框架中基于 Channel（https://kotlinlang.org/docs/reference/coroutines/channels.html）的通信等。

2.3 协程的实现举例

我们已经介绍了非常多协程相关的理论知识，简单来说，协程需要关注的就是程序如何自己处理挂起和恢复，只不过根据解决挂起和恢复时具体实现细节的不同，在分类时分别按照**栈**的有无和**调度权**转移的对称性进行了分类。不管怎样，协程的核心就是程序自己处理挂起和恢复。以下给出一些实现，请大家留意它们是如何做到这一点的。

2.3.1 Python 的 Generator

Python 的 Generator 是一个典型的无栈协程的实现。可以在任意 Python 函数中调用 yield 来实现当前函数调用的挂起，yield 的参数作为对下一次 next(gen) 调用的返回值，如代码清单 2-2 所示。

代码清单 2-2　Python Generator 使用示例

```
import time

def numbers():
  i = 0
  while True:
    yield(i) // ... ①
    i += 1
    time.sleep(1)

gen = numbers()

print(f"[0] {next(gen)}") // ... ②
print(f"[1] {next(gen)}") // ... ③

for i in gen: // ... ④
  print(f"[Loop] {i}")
```

运行代码清单 2-2 时，首先会在①处 yield，并将 0 传出，在②处输出：

```
[0] 0
```

接着自③处调用 next，将调度权从主流程转移到 numbers 函数当中，从上一次挂起的位置①处继续执行。i 的值修改为 1，1s 后，再次通过 yield(1) 挂起，在③处输出：

```
[1] 1
```

之后，以同样的逻辑在 for 循环中一直输出 [Loop] n，直到程序被终止。Generator 的状态转移如图 2-2 所示。

我们可以看到，之所以称 Python 的 Generator 为协程，就是因为它可以通过 yield 来挂起当前 Generator 函数的执行，通过 next 来恢复参数对应的 Generator 执行，从而实现挂起、恢复的协程调度权控制转移。

当然，如果在 numbers 函数中嵌套调用 yield，就无法对 numbers 的调用进行挂起了，如代码清单 2-3 所示。

代码清单 2-3 Python Generator 不支持嵌套

```
def numbers():
  i = 0
  while True:
    yield_here(i) // ... ①
    i += 1
    time.sleep(1)

def yield_here(i):
  yield(i)
```

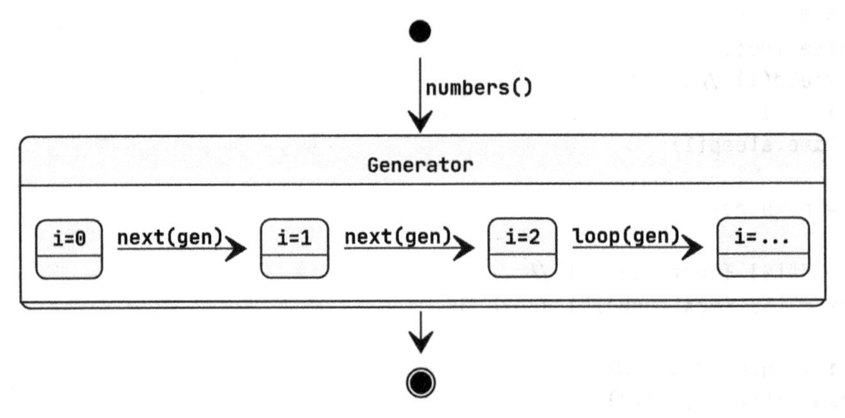

图 2-2 Generator 的状态转移示意图

这时候我们再调用 numbers 函数，就会陷入死循环而无法返回，因为这次 yield_here 的返回值才是 Generator，循环里一直创建新的 Generator 而没有返回给外部。由此可见，Python 的 Generator 属于非对称无栈协程的一种实现。

延伸 Python 从 3.5 版开始支持 async/await，原理与前面讲到 JavaScript 的实现类似，与 Generator 的不同之处在于可以通过这一组关键字实现在函数的嵌套调用中挂起。

2.3.2 Lua 标准库的协程实现

Lua 的协程实现可以认为是一个教科书式的案例，它提供了几个 API，允许开发者灵活控制协程的执行。

- coroutine.create：创建协程，参数为函数类型，作为协程的执行体，返回协程实例。
- coroutine.yield：挂起协程，第一个参数为被挂起的协程实例，后面的参数则作为之前外部调用当前协程时对应的 resume 函数的返回值，而它的返回值则又是外部下一次调用 resume 时传入的参数。

- coroutine.resume：恢复协程，第一个参数为被继续的协程实例，后面的参数则作为协程内部 yield 时的返回值，返回值为协程内部下一次 yield 时传出的参数；如果是第一次对该协程实例执行 resume，参数会作为协程体的参数传入。

Lua 的协程也有几个状态：创建（CREATED）、挂起（SUSPENDED）、运行（RUNNING）、结束（DEAD）。其中，调用 yield 之后的协程处于挂起态；获得执行权而正在运行的协程则处于运行态；协程体运行结束后，协程处于结束态。Lua 的协程 API 如代码清单 2-4 所示。

代码清单 2-4 Lua 的协程 API

```
function producer()
  for i = 0, 3 do
    print("send "..i)
    coroutine.yield(i) // ... ②
  end
  print("End Producer")
end

function consumer(value)
  repeat
    print("receive "..value)
    value = coroutine.yield() // ... ④
  until(not value)
  print("End Consumer")
end

producerCoroutine = coroutine.create(producer)
consumerCoroutine = coroutine.create(consumer)

repeat
  status, product = coroutine.resume(producerCoroutine) // ... ①
  coroutine.resume(consumerCoroutine, product) // ... ③
until(not status)
print("End Main")
```

代码清单 2-4 中，①处开始执行 producer，主流程挂起等待 producer 执行，直到②处 yield(0)，意味着①处 resume 函数的返回值 product 就是 0。我们把 0 作为参数传给 consumer，consumer 第一次执行，0 会作为协程体的参数值传入，因此会输出：

```
send 0
receive 0
```

接下来 consumer 通过④处的 yield 挂起，它的参数会作为③处的返回值，不过因为我们没有在 yield 中传任何参数，因此③处的 resume 的返回值只有状态值（当然，我们把它忽略掉了）。这时控制权又回到主流程，status 的值在对应的协程结束后会返回 false，这时候 producer 尚未结束，因此是 true，于是循环继续执行。后续流程类似，输出结果如下：

```
send 1
receive 1
send 2
receive 2
send 3
receive 3
End Producer
End Consumer
End Main
```

为了更加清晰地展示这段程序的执行流程，下面给出程序执行的时序图（见图 2-3），图中的执行序号与代码清单 2-4 中的序号是对应的。

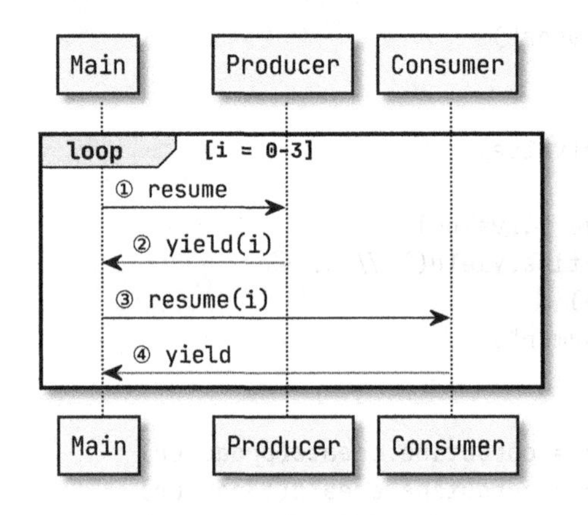

图 2-3　Lua 协程执行流程

执行过程中，所有协程都将经历创建、运行、挂起、结束这些状态，我们同样给出这段程序的状态流转示意图，如图 2-4 所示。

可见，协程第一次被 resume 时，从创建状态转入运行态，后续再次 resume 则从挂起状态恢复到运行态；而每次调用 yield 会将自己从运行态转入挂起状态。注意，图 2-4 中状态流转为挂起状态时会将调度权还给主流程。

通过这个例子，希望大家能够对协程有更加具体的认识。可以看到，协程包括以下部分。

- **协程的执行体**，即我们常提到的协程体，主要是指启动协程时对应的函数。
- **协程的控制实例**，我们可以通过协程创建时返回的实例控制协程的调用流转，我们将该对象的类型称为**协程的描述类**。

- **协程的状态**，在调用流程转移前后，协程的状态会发生相应的变化。

这些概念在 Kotlin 协程的实现中也至关重要，在后续的探讨中我们还会经常见到它们的身影。

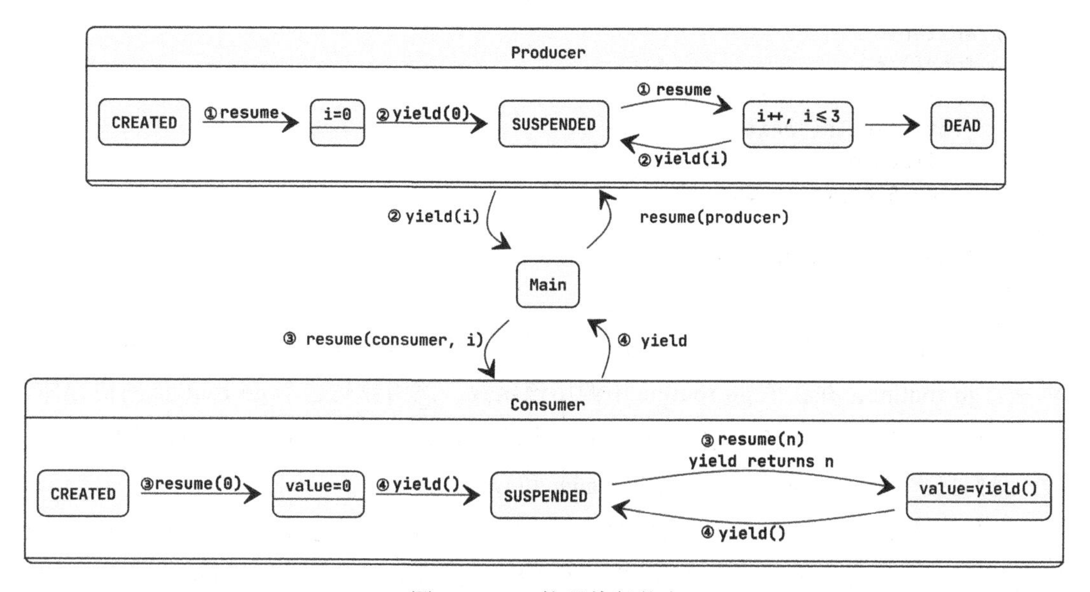

图 2-4　Lua 协程执行状态

> 说明　Lua 标准库的协程属于**非对称有栈协程**，不过第三方提供了基于标准库 API 实现的**对称协程**，有兴趣的话可以参考 coro（https://luapower.com/coro）。

2.3.3 Go 的 go routine

go routine 的调度没有 Lua 那么明显，它没有类似 yield 和 resume 的函数。我们来看一个 go routine 的简单示例，如代码清单 2-5 所示。

代码清单 2-5　go routine 的简单示例

```
channel := make(chan int) // .......... ①
var readChannel <-chan int = channel
var writeChannel chan<- int = channel

// reader
go func() { // ........................ ②
  fmt.Println("wait for read")
  for i := range readChannel { // ... ③
    fmt.Println("read", i)
```

```
  }
  fmt.Println("read end")
}() // ............................ ④


// writer
go func() {
  for i := 0; i < 3; i++ {
    fmt.Println("write", i)
    writeChannel <- i // .......... ⑤
    time.Sleep(time.Second)
  }
  close(writeChannel)
}()
```

我们先来简单介绍下 go routine 的启动方式。在任意函数调用前面加关键字 go 即可启动一个 go routine，并在该 go routine 中调用该函数，该函数是这个 go routine 的协程体，例如代码清单 2-5 中②处实际上是创建了一个匿名函数，并在后面④处立即调用了该函数。我们把这两个 go routine 依次称为 reader 和 writer。

①处创建了一个双向的 channel 对象，可读可写，接着创建的 readChannel 声明为只读类型，writeChannel 声明为只写类型，这二者实际上指向了同一个 channel 对象，并且由于这个 channel 没有缓冲区，因此写操作会一直挂起直到读操作执行，反过来也是如此。

在 reader 中，③处的 for 循环会对 readChannel 进行读操作，如果此时还没有对应的写操作，就会挂起，直到有数据写入。在 writer 中，⑤处表示向 writeChannel 中写入 i，同样，如果写入时尚未有对应的读操作，就会挂起，直到有数据读取。程序执行流程如图 2-5 所示。

整段程序的输出如下：

```
wait for read
write 0
read 0
write 1
read 1
write 2
read 2
read end
```

如果我们有多个 go routine 对 channel 进行读写，或者有多个 channel 供多个 go routine 读写，那么这时的读写操作实际上就是在 go routine 之间平等地转移调度权，因此可以认为 go routine 是对称的协程实现。

这个示例中，对于 channel 的读写操作看上去有点类似两个线程中的阻塞式 I/O 操作，不过 go routine 相比操作系统的内核线程来说要轻量得多，切换的成本也很低，因此在读写过程中挂起的成本也远比我们熟悉的线程阻塞的调用切换成本低。实际上这两个 go routine 在切换时，很大概率不会有线程的切换。为了让示例更加能说明问题，我们为输出添加了当前的线程 id，同时将每次向 writeChannel 写入数据之后的 Sleep 操作去掉，如代码清单 2-6 所示。

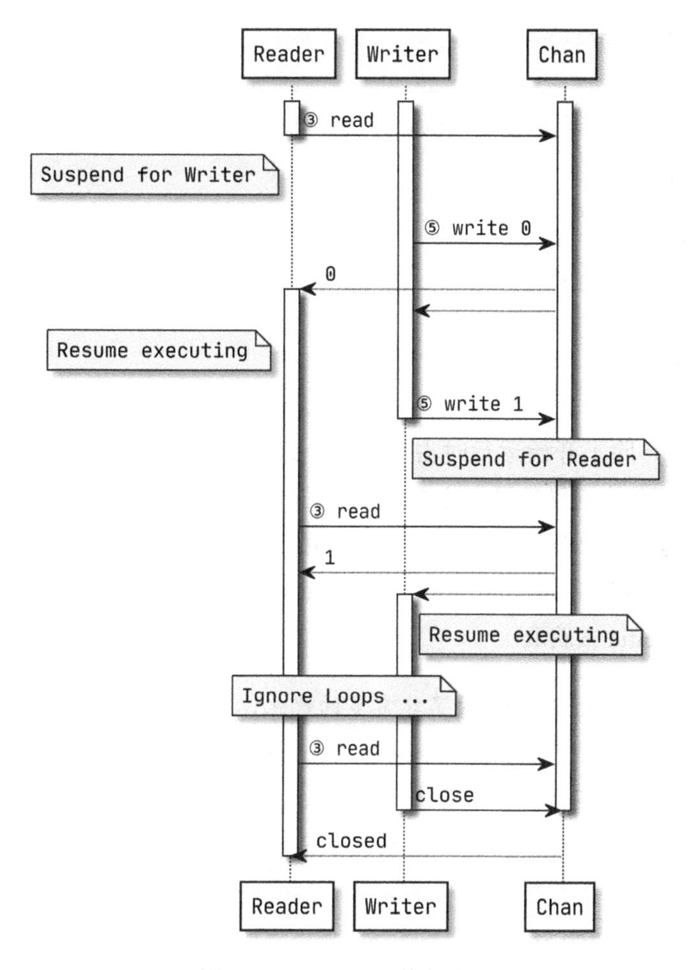

图 2-5　Go routine 执行流程

代码清单 2-6　go routine 的线程调度

```
go func() {
  fmt.Println(windows.GetCurrentThreadId(), "wait for read")
  for i := range readChannel {
    fmt.Println(windows.GetCurrentThreadId(), "read", i)
```

```
    }
    fmt.Println(windows.GetCurrentThreadId(), "read end")
  }()
  go func() {
    for i := 0; i < 3; i++ {
      fmt.Println(windows.GetCurrentThreadId(), "write", i)
      writeChannel <- i
    }
    close(writeChannel)
  }()
```

从修改后的运行结果中，我们可以看到程序在输出时所在的线程 id：

```
181808 write 0
183984 wait for read
181808 read 0
181808 write 1
181808 write 2
181808 read 1
181808 read 2
181808 read end
```

两个 go routine 除了开始运行时占用了两个线程，之后都在一个线程中转移调度权（多次运行的结果可能有细微差异，这取决于 Go 运行时的调度器）。

需要指出的是，本示例在 Windows 上调试时，通过 sys 库（https://github.com/golang/sys）的 Windows 包下提供的 GetCurrentThreadId 函数来获取线程 id，而在 Linux 系统上可以通过 syscall.Gettid 来获取。

延伸 Go 运行时针对 go routine 做了非常多的优化，包括调用栈内存优化、调度管理机制优化等，在某些情况下还支持对 go routine 的抢占式调度。这些内容已经超出了协程本身的讨论范围，因此也有很多人认为不能简单地把 go routine 当作协程，不过这不影响我们通过研究分析 go routine 来加深对协程概念的理解。

2.4 本章小结

本章我们花了大量的篇幅介绍协程的概念，给出了常见语言对协程的实现，帮助大家加深对协程的理解。学习 Kotlin 协程不需要掌握这么多语言，不过了解其他语言的协程 API 设计思路对于认识和理解协程的概念有很大帮助。

第 3 章 Chapter 3

Kotlin 协程的基础设施

前面介绍了很多语言对于协程在不同程度上的支持，一方面是想把协程的概念以更具体的方式呈现出来，另一方面也是为我们的主角 Kotlin 协程做铺垫。相比其他语言，Kotlin 的协程实现分为两个层次。

- 基础设施层：标准库的协程 API，主要对协程提供了概念和语义上最基本的支持，这也是本章将介绍的主要内容。
- 业务框架层：协程的上层框架支持（将在第 5 章详细介绍）。

从本章开始，我们将专注于对 Kotlin 协程的全方位剖析，如无特别说明，之后的“协程”将特指 Kotlin 中的协程实现。

为方便区分，我们将通过 Kotlin 协程的基础设施创建的协程称为**简单协程**，将基于简单协程实现的各种业务层进行封装之后得到的协程称为**复合协程**。

本章主要探讨 Kotlin 协程的基本概念和简单协程的用法。第 4 章主要介绍如何运用简单协程，参照 2.3 节中提到的几种常见协程 API 来实现对应的 Kotlin 版的复合协程。第 5 章则参照 Kotlin 官方协程框架来尝试设计实现一套类似的复合协程。第 6 章主要讲解官方协程框架提供的复合协程的功能特性和使用方法。

3.1 协程的构造

要想进入协程的世界，首先需要做的就是构造出一个协程的实例。

3.1.1 协程的创建

在Kotlin当中创建一个简单协程不是什么难事，如代码清单3-1所示。

代码清单 3-1 创建 Kotlin 协程

```
val continuation = suspend {
  println("In Coroutine.")
  5
}.createCoroutine(object : Continuation<Int> {
  override fun resumeWith(result: Result<Int>) {
    println("Coroutine End: $result")
  }

  override val context = EmptyCoroutineContext
})
```

标准库中提供了一个createCoroutine函数，我们可以通过它来创建协程，不过这个协程并不会立即执行。我们先来看看它的声明：

```
fun <T> (suspend () → T).createCoroutine(
  completion: Continuation<T>
): Continuation<Unit>
```

其中suspend () -> T是createCoroutine函数的Receiver，如果大家对于Kotlin的函数不熟悉，可能会觉得这很令人费解。我们依次剖析它的参数和返回值。

- Receiver是一个被suspend修饰的挂起函数，这也是协程的执行体，我们不妨称它为协程体。
- 参数completion会在协程执行完成后调用，实际上就是协程的**完成回调**。
- 返回值是一个Continuation对象，由于现在协程仅仅被创建出来，因此需要通过这个值在之后触发协程的启动。

3.1.2 协程的启动

我们已经知道如何创建协程，那么协程要如何运行呢？调用continuation.resume(Unit)之后，协程体会立即开始执行。

我们来深入了解一下这个返回的Continuation实例。不知道大家是否好奇为什么调用它的resume就会触发协程体的执行呢？它们二者之间有什么关系？

通过阅读createCoroutine的源码或者直接打断点调试，我们可以得知continuation是SafeContinuation的实例，不过可不要被它安全的外表骗了，它其实只是一个“马甲”。

它有一个名为delegate的属性，这个属性才是Continuation的本体。而这个本体就没那么容易猜透了，它的类名类似 <FileName>Kt$<FunctionName>$continuation$1 这样的形式，其中 <FileName> 和 <FunctionName> 指代的是代码所在的文件名和函数名。如果大家对 Java 字节码中的匿名内部类的命名方式比较熟悉，就会猜到这其实指代了某一个匿名内部类。那么新的问题产生了，哪儿来的匿名内部类？

答案也很简单，就是我们的协程体，那个用以创建协程的 suspend Lambda 表达式。编译器在它编译之后对它稍微加了一些“魔法”，生成了一个匿名内部类，这个类继承自 SuspendLambda 类，而这个类又是 Continuation 接口的实现类。

最后一个令人疑惑的点是，Suspend Lambda 表达式是如何编译的？一个函数如何对应一个类呢？这里其实不难理解，Suspend Lambda 有一个抽象函数 invokeSuspend（这个函数在它的父类 BaseContinuationImpl 中声明），编译生成的匿名内部类中这个函数的实现就是我们的协程体。

协程体的类实现关系如图 3-1 所示，请注意，SafeContinuation 内部包含的对象就是编译生成的匿名内部类，这个匿名内部类同时又是 Suspend Lambda 的子类。

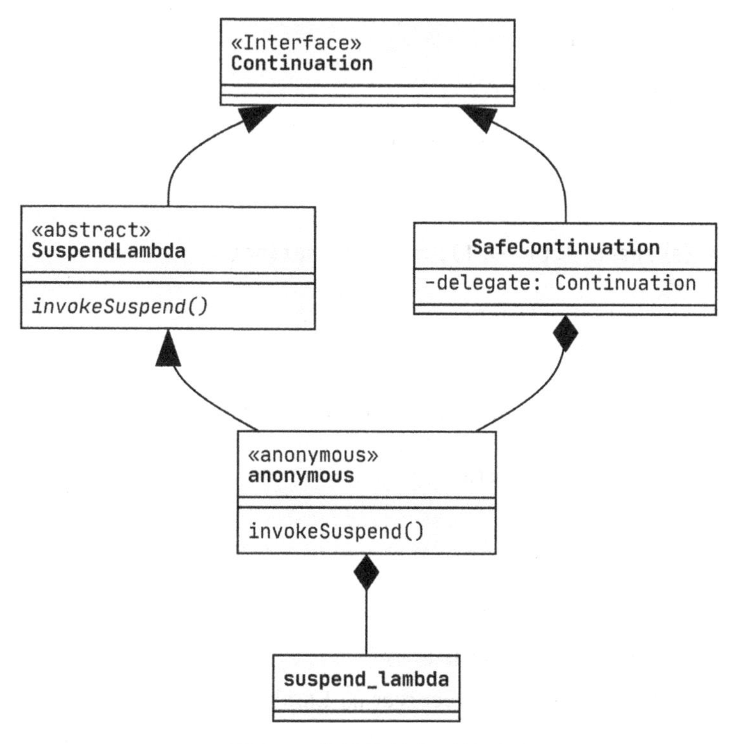

图 3-1　协程体的实现关系

这样看来就非常清晰了，创建协程返回的 Continuation 实例就是套了几层马甲的协程体，因而调用它的resume就可以触发协程体的执行。

> 说明 在了解了拦截器之后，你还会发现这里的delegate实际上是拦截器拦截之后的结果，通常来讲这也是一层“马甲”，不过我们这里还没有添加拦截器，所以它就是协程体本身。

一般来讲，我们创建协程后就会立即让它开始执行，因此标准库也提供了一个一步到位的API——startCoroutine。它与createCoroutine除了返回值类型不同之外，剩下的完全一致。

```
fun <T> (suspend () → T).startCoroutine(completion: Continuation<T>)
```

我们已经知道，作为参数传入的completion就如同回调一样，协程体的返回值会作为resumeWith的参数传入，例如本例中得到的就是Result.success(5)。如果协程体内出现异常，我们得到的就是Result.failure(exception)。运行结果如下：

```
In Coroutine.
Coroutine End: Success(5)
```

3.1.3 协程体的Receiver

与协程的创建和启动相关的API一共有两组，除了前两节探讨的一组以外，还有一组：

```
fun <R, T> (suspend R.() → T).createCoroutine(
  receiver: R,
  completion: Continuation<T>
): Continuation<Unit>

fun <R, T> (suspend R.() → T).startCoroutine(
  receiver: R,
  completion: Continuation<T>
)
```

仔细对比可以发现，这两组API的差异点仅仅在于协程体自身的类型，这一组API的协程体多了一个Receiver类型R。这个R可以为协程体提供一个作用域，在协程体内我们可以直接使用作用域内提供的函数或者状态等。

Kotlin没有提供直接声明带有Receiver的Lambda表达式的语法，为了方便使用带有Receiver的协程API，我们封装一个用以启动协程的函数launchCoroutine，如代码清单3-2所示。

代码清单 3-2 launchCoroutine 的定义

```
fun <R, T> launchCoroutine(receiver: R, block: suspend R.() -> T) {
  block.startCoroutine(receiver, object : Continuation<T> {
    override fun resumeWith(result: Result<T>) {
      println("Coroutine End: $result")
    }

    override val context = EmptyCoroutineContext
  })
}
```

使用时首先创建一个作用域，ProducerScope 用来模拟一个生成器协程的作用域，再使用它来创建协程即可，如代码清单 3-3 所示。

代码清单 3-3 启动带有 Receiver 的协程

```
class ProducerScope<T> {
  suspend fun produce(value: T){ ... }
}

fun callLaunchCoroutine(){
  launchCoroutine(ProducerScope<Int>()) {
    println("In Coroutine.")
    produce(1024)
    delay(1000)
    produce(2048)
  }
}
```

launchCoroutine 的第二个参数的 Receiver 类型实际上是编译器帮我们推导出来的，正好解决了无法直接声明带有 Receiver 的 Lambda 表达式的问题。

由于添加了作用域 ProducerScope 作为 Receiver，示例中我们可以在协程体中直接调用 produce 函数。delay 函数是我们在 ProducerScope 外部定义的挂起函数，在协程体内也可以自由调用。

> 提示 类似 launchCoroutine 这样用以简化协程创建和启动的函数后面还会封装很多，它们的作用就是构造协程，因而通常也将具有类似功能的函数称为协程的**构造器**（注意，不要与类的构造器混淆）。

作用域可以用来提供函数支持，自然也就可以用来增加限制。如果我们为 Receiver 对应的类型增加一个 RestrictsSuspension 注解，那么在它的作用下，协程体内就无法调用外部的挂起函数了，如代码清单 3-4 所示。

代码清单 3-4　限制作用域内的挂起函数调用

```
@RestrictsSuspension
class RestrictProducerScope<T> {
  suspend fun produce(value: T) { ... }
}

fun callLaunchCoroutineRestricted() {
  launchCoroutine(RestrictProducerScope<Int>()) {
    println("In Coroutine.")
    produce(1024)
    delay(1000) // 错误！不能调用外部的挂起函数
    produce(2048)
  }
}
```

这里在 RestrictProducerScope 的作用下，协程体内部无法调用外部的挂起函数 delay，这个特性对于不少在特定场景下创建的协程体有非常大的帮助，可以避免无效甚至危险的挂起函数的调用。标准库中的序列生成器（Sequence Builder）就使用了这个注解，参见 4.1.2 节。

3.1.4 可挂起的 main 函数

Kotlin 从 1.3 版本开始添加了一个非常有趣的特性：main 可以直接被声明为挂起函数，只需要在 main 函数的声明前加 suspend 关键字即可。这意味着 Kotlin 程序从程序入口处就可以获得一个协程，而我们所有的程序都将在这个协程体里面运行。

那么，首先可以确定的是这个可挂起的 main 函数并不会是真正的程序入口，毕竟 JVM 根本不知道什么是 Kotlin 协程，这里一定有“魔法”。

想要看穿“魔法”，就得站在“魔术师”身边。我们尝试对可挂起的 main 函数进行反编译，得知其实 Kotlin 编译器无非是帮我们生成了一个真正的 main 函数，里面调用了一个叫作 runSuspend 的函数来执行所谓的可挂起的 main 函数，其逻辑见代码清单 3-5。

代码清单 3-5　模拟可挂起的 main 函数

```
suspend fun suspendMain(){
    ...
}

// 真正的程序入口
fun main() {
```

```
  runSuspend {
    suspendMain()
  }
}
```

这里为了避免混淆，我们用 suspendMain 这个函数名来指代 suspend fun main 这个新支持的可挂起的 main 函数，runSuspend 函数中的实现也非常简明，直接用传入的 Lambda 表达式启动了一个协程，如代码清单 3-6 所示

代码清单 3-6　runSuspend 函数的定义

```
internal fun runSuspend(block: suspend () → Unit) {
  val run = RunSuspend()
  block.startCoroutine(run)
  run.await()
}
```

这里还有一个 RunSuspend 类，它是 Continuation 的实现，作为整个程序运行的完成回调，当程序运行完成之后，它的 resume 函数就会被调用。有关它的实现细节和工作机制我们就不再展开探讨了，留给大家自行分析。

3.2　函数的挂起

Kotlin 协程的挂起和恢复能力本质上就是挂起函数的挂起和恢复，这一节我们来探讨 Kotlin 协程是如何做到这一点的。

3.2.1　挂起函数

我们已经知道使用 suspend 关键字修饰的函数叫作**挂起函数**，挂起函数只能在协程体内或其他挂起函数内调用。这样一来，整个 Kotlin 语言体系内的函数就分为两派：普通函数和挂起函数。其中挂起函数可以调用任何函数，普通函数只能调用普通函数，如代码清单 3-7 所示。

代码清单 3-7　挂起函数

```
suspend fun suspendFunc01(a: Int){
  return
}

suspend fun suspendFunc02(a: String, b: String)
  = suspendCoroutine<Int> { continuation →
```

```
    thread {
      continuation.resumeWith(Result.success(5)) // ... ①
    }
  }
```

通过以上两个挂起函数，我们发现挂起函数既可以像普通函数一样同步返回（如 suspendFunc01），也可以处理异步逻辑（如 suspendFunc02）。既然是函数，它们也有自己的函数类型，依次为 suspend (Int) -> Unit 和 suspend (String, String) -> Int。

在 suspendFunc02 的定义中，我们再次用到了 suspendCoroutine<T> 获取当前所在协程体的 Continuation<T> 的实例作为参数将挂起函数当成异步函数来处理，在代码清单 3-8 的①处新创建线程执行 Continutation.resumeWith 操作，因此协程调用 suspendFunc02 无法同步执行，会进入挂起状态，直到结果返回。

所谓协程的挂起其实就是程序执行流程发生异步调用时，当前调用流程的执行状态进入等待状态。请注意，挂起函数不一定真的会挂起，只是提供了挂起的条件。那什么情况下才会真正挂起呢？

3.2.2 挂起点

在前面的 suspendFunc02 的定义中我们发现，一个函数想要让自己挂起，所需要的无非就是一个 Continuation 实例，我们也确实可以通过 suspendCoroutine 函数获取到它，但是这个 Continuation 是从哪儿来的呢？

回想下协程的创建和运行过程，我们的协程体本身就是一个 Continuation 实例，正因如此挂起函数才能在协程体内运行。在协程内部挂起函数的调用处被称为**挂起点**，挂起点如果出现异步调用，那么当前协程就被挂起，直到对应的 Continuation 的 resume 函数被调用才会恢复执行。

我们已经知道，通过 suspendCoroutine 函数获得的 Continuation 是一个 SafeContinuation 的实例，与创建协程时得到的用来启动协程的 Continuation 实例没有本质上的差别。SafeContinuation 类的作用也非常简单，它可以确保只有发生异步调用时才会挂起，例如代码清单 3-8 所示的情况虽然也有 resume 函数的调用，但协程并不会真正挂起。

代码清单 3-8　不会挂起的挂起函数

```
suspend fun notSuspend() = suspendCoroutine<Int> { continuation ->
  continuation.resume(100)
}
```

异步调用是否发生，取决于 resume 函数与对应的挂起函数的调用是否在相同的调用栈上，切换函数调用栈的方法可以是切换到其他线程上执行，也可以是不切换线程但在当前函数返回之后的某一个时刻再执行。前者比较容易理解，后者其实通常就是先将 Continuation 的实例保存下来，在后续合适的时机再调用，存在事件循环的平台很容易做到这一点，例如第 7 章讲到的 Android 平台的主线程 Looper 和 9.1.2 节讲到的 JavaScript 的运行环境的主线程事件循环。此外，像 Lua 这类依赖开发者主动调用 API 来在单线程上实现协程的挂起和恢复的也属于这一类，我们将在 4.3 节基于 Kotlin 的简单协程实现的 Lua 风格的复合协程自然也属于这种类型。

说明 Kotlin 的 Continuation 类有一个 resumeWith 的函数可以接收 Result 类型的参数。在结果成功获取时，调用 resumeWith(Result.success(value)) 或者调用扩展函数 resume(value)；出现异常时，调用 resumeWith(Result.failure(throwable)) 或者调用扩展函数 resumeWithException(throwable)。为了行文方便，后续一律称作 Continuation 的**恢复调用**。

3.2.3 CPS 变换

CPS 变换（Continuation-Passing-Style Transformation），是通过传递 Continuation 来控制异步调用流程的。

我们来想象一下，程序被挂起时，最关键的是要做什么？是保存挂起点。线程也类似，它被中断时，中断点就是被保存在调用栈中的。

Kotlin 协程挂起时就将挂起点的信息保存到了 Continuation 对象中。Continuation 携带了协程继续执行所需要的上下文，恢复执行的时候只需要执行它的恢复调用并且把需要的参数或者异常传入即可。作为一个普通的对象，Continuation 占用内存非常小，这也是无栈协程能够流行的一个重要原因。

我们在前面讲到，挂起函数如果需要挂起，则需要通过 suspendCoroutine 来获取 Continuation 实例。我们已经知道它是协程体，但是这个实例是怎么传进来的呢？

我们仍以代码清单 3-8 为例，notSuspend 函数看起来没有接收任何参数，Kotlin 语法似乎不会告诉我们任何真相了。想要刨根问底有两种方法：一种就是看字节码或者使用 Java 代码直接调用它，另一种就是使用 Kotlin 反射。这两个行为几乎都可以认为是在违反 Kotlin 语法了，仅做研究学习使用，生产环境中千万不要这么写。我们先来看下如何用 Java 代码调用挂起函数，如代码清单 3-9 所示。

代码清单 3-9 用 Java 代码调用挂起函数

```
Object result = SnippetKt.notSuspend(new Continuation<Integer>() {
  @Override
```

```
    public CoroutineContext getContext() {
      return EmptyCoroutineContext.INSTANCE;
    }

    @Override
    public void resumeWith(@NotNull Object o) {
      ...
    }
  });
```

我们发现，suspend () -> Int 类型的函数 notSuspend 在 Java 语言看来实际上是 (Continuation <Integer>) -> Object 类型，这正好与我们经常写的异步回调的方法类似，传一个回调进去等待结果返回就好了。

但是，这里为什么出现了返回值 Object？通常我们写的回调方法是不会有返回值的，这里的返回值 Object 有两种情况。

- 挂起函数同步返回。作为参数传入的 Continuation 的 resumeWith 不会被调用，函数的实际返回值就是它作为挂起函数的返回值。notSuspend 尽管看起来似乎调用了 resumeWith，不过调用对象是 SafeContinuation，这一点我们在前面已经多次提到，因此它的实现属于同步返回。
- 挂起函数挂起，执行异步逻辑。此时函数的实际返回值是一个挂起标志，通过这个标志外部协程就可以知道该函数需要挂起等到异步逻辑执行。在 Kotlin 中这个标志是个常量，定义在 Intrinsics.kt 当中：

```
public val COROUTINE_SUSPENDED: Any
  get() = CoroutineSingletons.COROUTINE_SUSPENDED

internal enum class CoroutineSingletons {
  COROUTINE_SUSPENDED, UNDECIDED, RESUMED
}
```

现在大家知道了原来挂起函数就是普通函数的参数中多了一个 Continuation 实例，难怪挂起函数总是可以调用普通函数，普通函数却不可以调用挂起函数。

当然，我们通过 Kotlin 反射一样可以看到这一点，代码实现如代码清单 3-10 所示。

代码清单 3-10　使用 Kotlin 反射调用挂起函数

```
val ref = ::notSuspend
val result = ref.call(object: Continuation<Int>{
  override val context = EmptyCoroutineContext

  override fun resumeWith(result: Result<Int>) {
```

```
      println("resumeWith: ${result.getOrNull()}")
    }
  })
```

我们虽然没有办法直接在普通函数中调用挂起函数，但我们可以拿到它的函数引用，用反射调用它。调用的时候如果你不传入参数，运行时就会提示你它需要一个参数，这个参数正是 Continuation。

现在请大家仔细想想，为什么 Kotlin 语法要求挂起函数一定要运行在协程体内或者其他挂起函数中呢？答案就是，任何一个协程体或者挂起函数中都有一个隐含的 Continuation 实例，编译器能够对这个实例进行正确传递，并将这个细节隐藏在协程的背后，让我们的异步代码看起来像同步代码一样。

说明　通过反射在普通函数中直接调用挂起函数的写法在 Kotlin 1.3.60 中仍然可以通过编译，但不排除将来被禁用。

3.3　协程的上下文

我们前面讲到，Continuation 除了可以通过恢复调用来控制执行流程的异步返回以外，还有一个重要的属性 context，即协程的上下文。

3.3.1　协程上下文的集合特征

上下文很容易理解，也很常见，例如 Android 中的 Context，Spring 中的 ApplicationContext，它们在各自的场景下主要承载了资源获取、配置管理等工作，是执行环境相关的通用数据资源的统一提供者。

协程的上下文也是如此，它的数据结构的特征甚至更加显著，其实现与 List、Map 这些我们耳熟能详的集合非常类似。

我们知道，List 没有元素的时候是个空 List，那么我们试着定义一个空的协程上下文，作为对照，我们也给出定义空 List 的写法，如代码清单 3-11 所示。

代码清单 3-11　List 与协程上下文的空值

```
var list: List<Int> = emptyList()
var coroutineContext: CoroutineContext = EmptyCoroutineContext
```

EmptyCoroutineContext 是一个标准库已经定义好的 object，表示一个空的协程上下文，里面没有数据。

接下来我们要往其中添加数据了，对于 List<Int>，我们知道元素是整型，因此直接添加整数即可，如代码清单 3-12 所示。

代码清单 3-12　List 添加元素

```
list += 0 // ... ①
list += listOf(1, 2, 3) // ... ②
```

代码清单 3-12 的①处是添加单个元素得到一个新的 List<Int> 实例赋值给 list，②处是添加另外一个 List<Int> 的所有元素得到一个新的 List<Int> 实例赋值给 list，那么协程上下文作为一个集合，它的元素类型是什么呢？

```
interface Element : CoroutineContext {
  public val key: Key<*>
  ... // 省略部分逻辑
}
```

Element 定义在 CoroutineContext 中，是它的内部接口，不过这并不是重点，重点有两个，我们依次来分析。

- 我们看到 Element 本身也实现了 CoroutineContext 接口，这看上去就好像 Int 实现了 List<Int> 接口一样，这很奇怪，为什么元素本身也是集合了呢？其实这主要是为了 API 设计方便，Element 中是不会存放除了它自己以外的其他数据的。
- Element 接口中有一个属性 key，这个属性很关键。虽然我们前面在往 list 中添加元素的时候没有明确指出，但我们心知肚明 list 中的元素都有一个 index，表示元素的索引，而这里协程上下文元素的 key 就是协程上下文这个集合中元素的索引，不同之处是这个索引“长”在了数据里面，这意味着协程上下文的数据在“出生”时就找到了自己的位置。

通过前面对协程上下文的介绍，可能读者会觉得它与 Map 的定义似乎更接近。那么本节为什么要用协程上下文与 List 做类比呢？一方面 List 的 Key 类型是固定的 Int，Map 的 Key 类型可以有多种；另一方面协程上下文的内部实现实际上是一个单链表，这也正反映出它与 List 之间的关系。

3.3.2　协程上下文元素的实现

通过上一节的学习，我们似乎可以给协程上下文添加一些数据了，不过别急，现在我们只知道了接口，实际上它还有一个抽象类，能让我们在实现协程上下文的元素时更加方便：

```
abstract class AbstractCoroutineContextElement(
  public override val key: Key<*>
) : Element
```

创建元素不难，提供对应的Key即可，如代码清单3-13、3-14所示。

代码清单3-13 协程名的实现

```
class CoroutineName(val name: String): AbstractCoroutineContextElement(Key) {
  companion object Key: CoroutineContext.Key<CoroutineName>
}
```

代码清单3-14 协程异常处理器的实现

```
class CoroutineExceptionHandler(val onErrorAction: (Throwable) -> Unit)
  : AbstractCoroutineContextElement(Key) {
  companion object Key: CoroutineContext.Key<CoroutineExceptionHandler>

  fun onError(error: Throwable) {
    error.printStackTrace()
    onErrorAction(error)
  }
}
```

这两类元素并不是我们随便定义的，后面会有它们各自的用处。其中，CoroutineName允许我们为协程绑定一个名字，CoroutineExceptionHandler允许我们在启动协程时安装一个统一的异常处理器。

3.3.3 协程上下文的使用

我们把定义好的元素添加到协程上下文中，如代码清单3-15所示。

代码清单3-15 向协程上下文中添加元素

```
coroutineContext += CoroutineName("co-01")
coroutineContext += CoroutineExceptionHandler {
  ... // 省略 errorAction 的逻辑
}
```

当然也可以这样做：

```
coroutineContext += CoroutineName("co-01") + CoroutineExceptionHandler {
    ... // 省略 errorAction 的逻辑
  }
```

这里类似于list += listOf(1, 2, 3)，因为等号右边得到的实际上是一个CoroutineContext类型。

有了这些，我们再把这个定义好的上下文赋值给作为完成回调的 Continuation 实例，这样就可以将它绑定到协程上了，如代码清单 3-16 所示。

代码清单 3-16 为协程添加上下文

```
suspend {
  ... // 省略协程体
}.startCoroutine(object : Continuation<Int> {
  ... // 省略其他逻辑
  override val context = coroutineContext
})
```

绑定了协程上下文，我们的协程就初步成型了。不过我们还没有展示如何获取这些数据，所以接下来我会简单演示下如何使用我们的 CoroutineExceptionHandler，见代码清单 3-17。

代码清单 3-17 使用异常处理器处理未捕获的异常

```
...
override fun resumeWith(result: Result<Int>) {
  result.onFailure {
    context[CoroutineExceptionHandler]?.onError(it)
  }
  ...
}
...
```

不管结果如何，Continuation<T> 的 resumeWith 一定会被调用，如果有异常出现，那么我们就从协程上下文中找到我们设置的 CoroutineExceptionHandler 的实例，调用 onError 来处理异常。当然，我们也有可能没设置 CoroutineExceptionHandler，因此 context[CoroutineExceptionHandler] 的结果是可空类型。注意，context[CoroutineExceptionHandler] 中的 CoroutineExceptionHandler 实际上是异常处理类的伴生对象，也就是它在协程上下文中的 Key。如果对此不是很理解，大家可以仔细看下前面的类型定义。

在协程内部可以通过 coroutineContext 这个全局属性直接获取当前协程的上下文，它也是标准库中的 API，如代码清单 3-18 所示。

代码清单 3-18 在协程内部获取上下文

```
suspend {
  println("In Coroutine [${coroutineContext[CoroutineName]}].")
  100
}.startCoroutine(object : Continuation<Int> { ... })
```

这样我们就知道了协程上下文的设置和获取的方法了。

3.4 协程的拦截器

我们现在已经知道Kotlin协程可以通过调用挂起函数实现挂起，可以通过Continuation的恢复调用实现恢复，还知道协程能够通过绑定一个上下文来设置一些数据来丰富协程的能力，那么我们最关心的问题来了：协程如何处理线程的调度？

在Continuation和协程上下文的基础上，标准库又提供了一个叫作拦截器（Interceptor）的组件，它允许我们拦截协程异步回调时的恢复调用。既然可以拦截恢复调用，那么想要操纵协程的线程调度应该不是什么难事。本节我们将重点介绍拦截器的工作机制及使用方法，有关线程调度的话题见5.4节。

3.4.1 拦截的位置

在介绍拦截器之前，我们先来回顾一下Continuation的恢复调用在协程中的调用情况，见代码清单3-19。

代码清单3-19 挂起点与恢复调用的关系

```
suspend {
  suspendFunc02("Hello", "Kotlin")
  suspendFunc02("Hello", "Coroutine")
}.startCoroutine(object : Continuation<Int> {
  ... // 省略
})
```

我们启动了一个协程，并在其中调用了两次挂起函数suspendFunc02，这个挂起函数每次执行都会异步挂起（见代码清单3-8），那么这个过程中发生了几次恢复调用呢？

- 协程启动时调用一次，通过恢复调用来开始执行协程体从开始到下一次挂起之间的逻辑。
- 挂起点处如果异步挂起，则在恢复时会调用一次。由于这个过程中有两次挂起，因此会调用两次。

由此可知，恢复调用的次数为1+n次，其中n是协程体内真正挂起执行异步逻辑的挂起点的个数。协程内部的执行状态的流转如图3-2所示，其中①和②表示协程执行过程中遇到挂起函数调用。

图3-2中的①处挂起函数直接同步返回，其原因可能是提前启动的异步任务已经执行完成，结果已经存在。这种可以直接返回的执行路径称为**快路径**（fast path）。②处，异步任务的结果尚未就绪，因此需要挂起，在异步任务完成时结果通过Continuation的恢复调用返回，这条执行路径称为**慢路径**（slow path）。

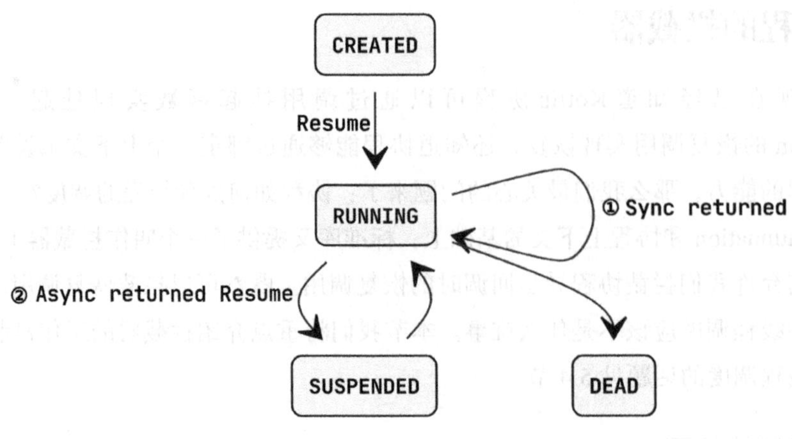

图 3-2 协程执行状态流转

注意 协程结束之后，作为完成回调传入的 Continuation 实例也会存在恢复调用，不过它不属于当前协程内部的 Continuation，因此不算在调用次数中。事实上，完成回调的恢复调用是发生在最后一次协程体自身的恢复调用当中的。

3.4.2 拦截器的使用

挂起点恢复执行的位置都可以在需要的时候添加拦截器来实现一些 AOP 操作。拦截器也是协程上下文的一类实现，定义拦截器只需要实现拦截器的接口，并添加到对应的协程的上下文中即可。如代码清单 3-20 所示。

代码清单 3-20 打印日志的拦截器

```
class LogInterceptor : ContinuationInterceptor {
  override val key = ContinuationInterceptor

  override fun <T> interceptContinuation(continuation: Continuation<T>)
      = LogContinuation(continuation)
}

class LogContinuation<T>(private val continuation: Continuation<T>)
  : Continuation<T> by continuation {
  override fun resumeWith(result: Result<T>) {
    println("before resumeWith: $result")
    continuation.resumeWith(result)
    println("after resumeWith.")
  }
}
```

拦截器的关键拦截函数是 interceptContinuation，可以根据需要返回一个新的 Continuation 实例。我们在 LogContinuation 的 resumeWith 中打印日志，接下来把它设置到上下文中，程序运行时就会有相应的日志输出，如代码清单 3-21 所示。

代码清单 3-21　添加打印日志的拦截器

```
suspend {
  ... // 省略
}.startCoroutine(object : Continuation<Int> {
  override val context = LogInterceptor()
  ... // 省略 resumeWith
})
```

拦截器的 Key 是一个固定的值 ContinuationInterceptor，协程执行时会通过这个 Key 拿到拦截器并实现对 Continuation 的拦截，于是这段协程代码执行的结果就变成：

```
before resumeWith: Success(kotlin.Unit) // ... ①
after resumeWith.
before resumeWith: Success(5)
after resumeWith.
before resumeWith: Success(5)
Coroutine End: Success(5)
after resumeWith.
```

其中①处是协程启动执行的第一次拦截，读者可以回想一下 3.1.2 节中启动时的 Continuation 的结果类型。协程执行中，拦截器在两次挂起函数的恢复调用处又分别执行了两次拦截。

3.4.3　拦截器的执行细节

在前面的讨论中，我们曾经提到过一个“马甲”SafeContinuation，其内部有个叫作 delegate 的成员，我们之前称之为协程体，之所以可以这么讲，主要是因为之前没有在协程中添加拦截器。而添加了拦截器之后，delegate 其实就是拦截器拦截之后的 Continuation 实例了。例如在代码清单 3-20 中，delegate 其实就是拦截之后的 LogContinuation 的实例。

从图 3-3 中可以清楚地看到，协程体在挂起点处先被拦截器拦截，再被 SafeContinuation 保护了起来。想要让协程体真正恢复执行，先要经过这两个过程，这也为协程支持更加复杂的调度逻辑提供了基础。

除了打印日志，拦截器的作用还有很多，最常见的就是控制线程的切换，相关内容请参考后续调度器实现的内容。

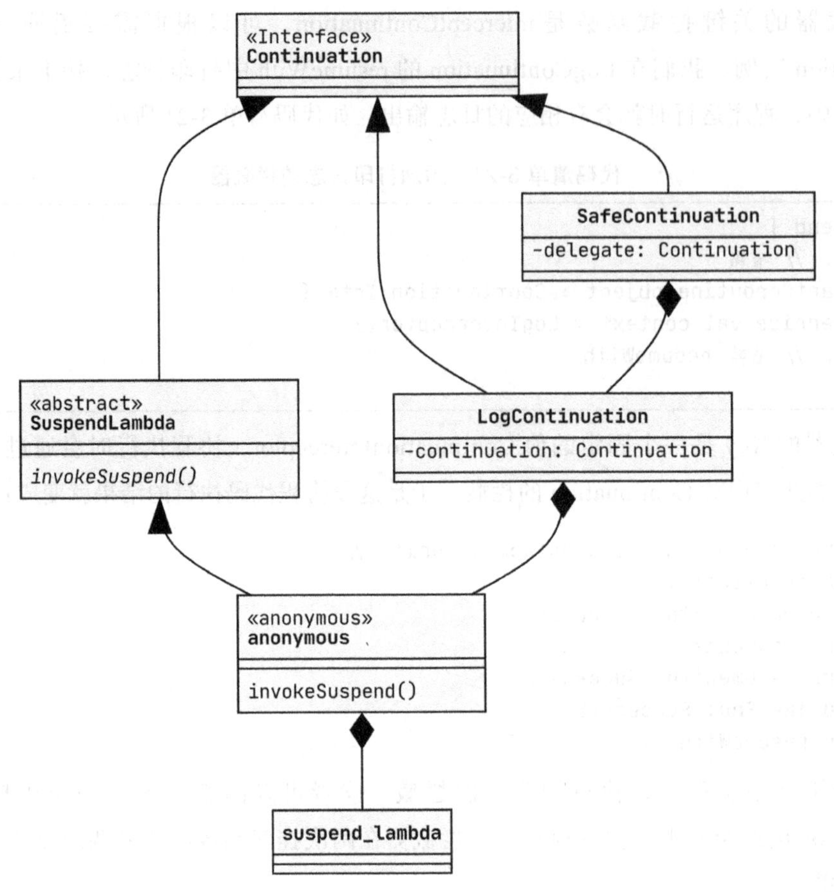

图 3-3 协程体的实现关系（含拦截器）

3.5 Kotlin 协程所属的类别

我们将按调用栈、对称性对协程进行分类，但这个分类并不是绝对的。同时，分类的目的是提供一个审视协程的角度和思路，而非分类本身。因此如果过分追求分类的结果，反而本末倒置。

3.5.1 调用栈的广义和狭义

按调用栈来分类，主要是考虑协程有无自己的调用栈以提供在任意嵌套层次都可以挂起恢复的能力，async/await 中的 async 函数或者 Kotlin 协程中的 suspend 函数都是可以在任意嵌套层次中挂起的，那么我们为什么也把它们归类为无栈协程的实现呢？因为它们只能在自己类别的函数内任意嵌套，在普通函数内却不行。

确定协程是否有栈，关键在于我们如何定义“调用栈”。调用栈是用以存储子例程运行数据的数据结构，函数是一种子例程，因而通常狭义上讲，调用栈就表示线程的函数调用栈。当然，子例程指的是一段程序指令序列，涵盖的范围比较宽泛，我们也可以认为它是一种特殊的协程，因而广义上讲，如果协程当中存在某种数据结构可以在挂起时保存协程的执行状态，并在后续能够以此恢复协程的执行，那么实际上这就是协程的调用栈了。只要调用栈存在，协程就可以在任意层次函数嵌套内实现挂起，以 Kotlin 为例，其能够在任意层挂起函数的调用内实现挂起，那我们是不是就可以认为它是有栈协程呢？

作为 Kotlin 协程主要设计者和开发者之一的 Roman Elizarov 在回答 StackOverflow 上相关问题时提到，按照“Revisiting Coroutines”中的定义，Kotlin 协程的实现似乎更接近有栈协程（见图 3-4）。当然，他更倾向于认为有栈和无栈协程因为概念界定不是特别清晰而经常被人混淆，因此不用过于纠结分类问题。

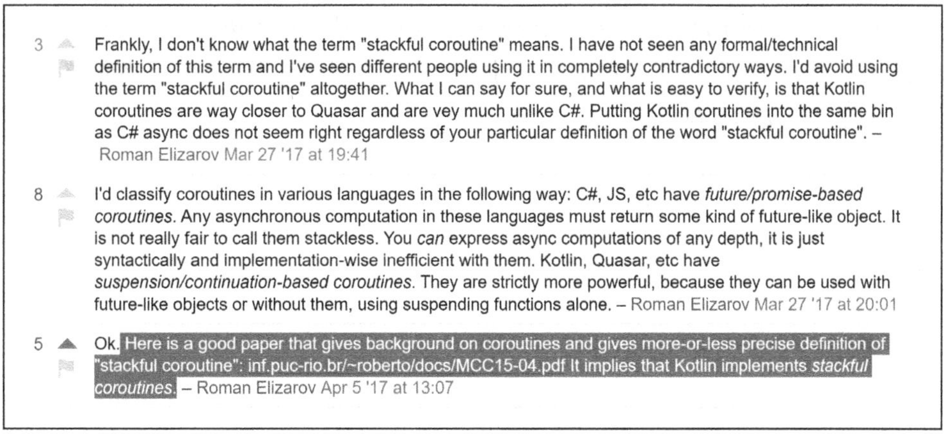

3 Frankly, I don't know what the term "stackful coroutine" means. I have not seen any formal/technical definition of this term and I've seen different people using it in completely contradictory ways. I'd avoid using the term "stackful coroutine" altogether. What I can say for sure, and what is easy to verify, is that Kotlin coroutines are way closer to Quasar and are vey much unlike C#. Putting Kotlin corutines into the same bin as C# async does not seem right regardless of your particular definition of the word "stackful coroutine". – Roman Elizarov Mar 27 '17 at 19:41

8 I'd classify coroutines in various languages in the following way: C#, JS, etc have *future/promise-based coroutines*. Any asynchronous computation in these languages must return some kind of future-like object. It is not really fair to call them stackless. You *can* express async computations of any depth, it is just syntactically and implementation-wise inefficient with them. Kotlin, Quasar, etc have *suspension/continuation-based coroutines*. They are strictly more powerful, because they can be used with future-like objects or without them, using suspending functions alone. – Roman Elizarov Mar 27 '17 at 20:01

5 Ok. Here is a good paper that gives background on coroutines and gives more-or-less precise definition of "stackful coroutine": inf.puc-rio.br/~roberto/docs/MCC15-04.pdf It implies that Kotlin implements *stackful coroutines*. – Roman Elizarov Apr 5 '17 at 13:07

图 3-4 Roman Elizarov 关于 Kotlin 协程是否有栈的分析

如果我们狭义地认为调用栈就只是类似于线程为函数提供的调用栈的话，那么既然无法在任意层次普通函数调用内实现挂起，我们因此就可以将 Kotlin 协程视为无栈协程的实现；但从挂起函数可以实现任意层次嵌套调用内挂起的效果来讲，确实也可以将 Kotlin 协程视为一种有栈协程的实现。

3.5.2 调度关系的对立与统一

将协程按调度关系分类也不能割裂来看。通常来讲，非对称的协程 API 设计更符合我们的思维习惯，调用有来有回，形成闭环；而对称协程则更能体现出协程的独立性和协作性。独立性指各协程之间不会因调用关系而存在从属关系，协作性是指对称的协程尤其需要明晰自身职责，就像生产线上的不同环节一样有序配合。

实践中，多数语言仅支持非对称的协程，这并不是因为对称协程的实现比较困难，而是因为即便提供了对称协程的 API，开发者在使用它们构建程序时仍然会倍感头疼。作为理论探讨，我们且不论它们如何运用，通过非对称协程来进一步封装实现一套对称协程的 API 也并非难事。尽管很明显 Kotlin 的挂起函数是非对称调用的例子，Kotlin 一样可以有自己的对称协程的实现（见 4.3.2 节）。

3.6 本章小结

本章我们对 Kotlin 协程的基础设施做了详细介绍。至此，大家应当对协程的概念及 Kotlin 协程的实现有了一个初步的理解和认识：协程，就是一个支持挂起和恢复的程序，而 Kotlin 协程是基于 Continuation 来实现挂起和恢复的。

在充分理解了协程的概念之后，我们将在后续章节开始运用协程的基础设施来设计和实现不同风格的复合协程，逐步加深大家对协程基本原理的认识和理解，为最终在生产环境中的实践奠定坚实的基础。

第 4 章 Chapter 4

Kotlin 协程的拓展实践

尽管都离不开挂起和恢复，但不同语言的不同实现风格的 API 在使用上有很大的差别。Kotlin 协程虽然被我们归类为“无栈非对称”，但这并不是绝对的，我们完全可以基于 Kotlin 的基础设施实现“有栈对称”的协程，也可以在 Kotlin 中仿造其他语言常见的协程实现提供类似的协程 API。

通过第 3 章的介绍，大家了解了协程可以挂起和恢复，但对于协程如何使用可能仍然倍感疑惑，这是因为 Kotlin 的基础设施作为标准库的一部分，能够创建出来的简单协程仅仅提供了刚好足够且灵活的 API 供上层框架设计者使用，换言之，如果我们想要将 Kotlin 协程应用于开发实践中，还需要构建足够友好的上层 API，这就是复合协程。在这一章中，我们将尝试用 Kotlin 的基础设施来构建各种常见风格的复合协程，以使大家进一步体会 Kotlin 协程设计的独到之处，也为后续 Kotlin 协程框架的设计和应用奠定基础。

4.1 序列生成器

序列生成器实际上包含了“序列”和“生成器”两部分。对于使用者而言，作为结果的“序列”更重要，而对于 API 的设计者而言，作为过程的“生成器”的实现才是关键。

本节我们通过仿写 Python 的 Generator 来熟悉简单协程的用法，同时也理解标准库中的序列生成器的实现机制。

4.1.1 仿 Python 的 Generator 实现

前面我们讲到 Python 有 Generator 特性，即在函数中调用 yield 就可以将当前函数挂起，并将 yield 的参数作为此次调用该函数得到的迭代器的下一个元素。由于调用 yield 时只能挂起所在函数，无法实现函数的嵌套挂起，因而被称为“无栈”的协程实现。我们完全可以利用 Kotlin 的简单协程来实现这样的特性。

我们先来看下实现之后的使用效果，如代码清单 4-1 所示。

代码清单 4-1 Generator 实现的使用效果

```
val nums = generator { start: Int ->
  for (i in 0..5) {
    yield(start + i)
  }
}

val gen = nums(10)

for (j in gen) {
  println(j)
}
```

我们可以通过 generator 函数来得到一个新的函数 nums，调用这个函数并传入一个整型参数，即可得到一个整型的序列生成器。需要注意的是，序列的元素通过 yield 函数的参数来指定，该函数为挂起函数，调用时会立即挂起，待序列生成器读取该元素后，再次尝试获取下一个元素时恢复执行。具体执行流程如图 4-1 所示。

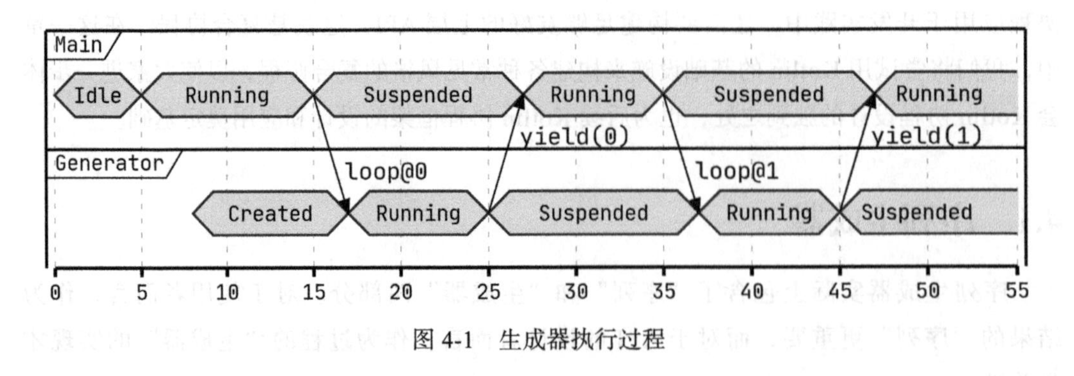

图 4-1 生成器执行过程

> 说明 这里 nums 函数的参数类型不一定是整型，它的作用主要是为使用者提供一个序列生成的“种子”，以得到不同的序列。如果你愿意，你也可以将它改成其他类型。

这样看来，generator 函数应当基于它的参数来返回一个返回 Generator 类型的函数，定义如代码清单 4-2 所示

代码清单 4-2　Generator 的接口定义

```
interface Generator<T> {
  operator fun iterator(): Iterator<T>
}

fun <T> generator(block: suspend GeneratorScope<T>.(T) -> Unit): (T) ->
Generator<T> {
  return { parameter: T ->
    GeneratorImpl(block, parameter)
  }
}
```

Generator 有个迭代器，调用迭代器的 hasNext 和 next 都将触发对下一个元素的获取，挂起的逻辑自然也应当属于该迭代器的内部状态，如代码清单 4-3 所示。

代码清单 4-3　Generator 的内部状态

```
sealed class State {
  class NotReady(val continuation: Continuation<Unit>): State()
   class Ready<T>(val continuation: Continuation<Unit>, val nextValue: T):
State()
  object Done: State()
}
```

我们根据迭代器的状态，定义 State 类型，其状态包含三种情况：

- NotReady：下一个元素尚未就绪，通常是挂起后，尚未恢复执行时的情况，此时由于生成器函数尚未执行，后续是否存在新元素仍然未知，需要恢复执行之后确定。Continuation 记录了当前生成器挂起的位置，用于后续恢复生成器的执行。
- Ready：恢复执行后，再次遇到 yield 调用产生新元素时进入该状态，此时生成器挂起。Continuation 记录了当前生成器挂起的位置，用于后续恢复生成器的执行。
- Done：生成器已经执行完毕，无新元素产生。

这三种状态的流转关系如图 4-2 所示。

接下来我们看下迭代器的定义，如代码清单 4-4 所示。

代码清单 4-4　Generator 的迭代器

```
class GeneratorIterator<T>(
  private val block: suspend GeneratorScope<T>.(T) -> Unit,
  private val parameter: T
```

```
) : GeneratorScope<T>, Iterator<T>, Continuation<Any?> {
  override val context: CoroutineContext = EmptyCoroutineContext

  private var state: State

  init {
    val coroutineBlock: suspend GeneratorScope<T>.() -> Unit =
      { block(parameter) }
    val start = coroutineBlock.createCoroutine(this, this)
    state = State.NotReady(start)
  }

  ...
}
```

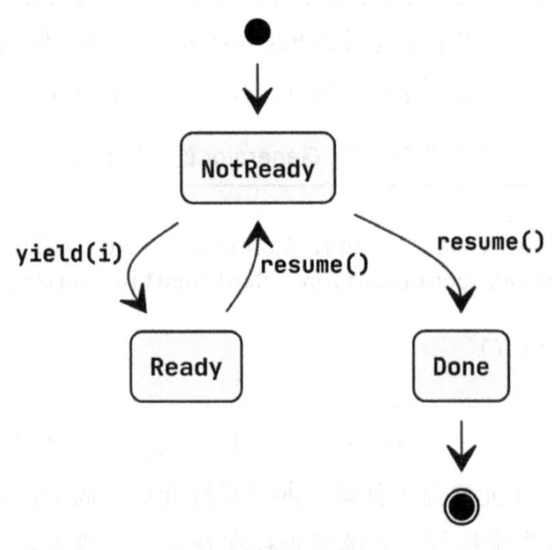

图 4-2 状态流转关系

该生成器的定义颇有代表性，在后续的框架设计中我们会频繁遇到这样的结构：

- **返回值**：GeneratorIterator 的泛型参数 T 即为元素类型。对于存在结果的协程，一定存在相应的泛型参数声明。
- **状态机**：GeneratorIterator 实现 Continuation 接口之后，自身即可作为协程执行完成之后回调的 completion 参数传入，进而监听协程的完成情况。在本例中，协程体即为 generator 函数的参数，该参数为函数类型，用作协程的创建和启动，执行完成之后通过回调可实现生成器的状态流转。
- **作用域**：GeneratorIterator 实现 GeneratorScope 接口之后，可以作为协程体的 Receiver，这样即可令协程体获得相应的扩展函数。在本例中，GeneratorScope 中声明了 yield 方法用于生成器执行时挂起并生成新元素。

接下来我们看下如何实现 yield，如代码清单 4-5 所示。

代码清单 4-5　yield 函数的定义

```
class GeneratorIterator<T>(...): ... {
  ...

  override suspend fun yield(value: T) = suspendCoroutine<Unit> {
    continuation ->
    state = when(state) {
      is State.NotReady -> State.Ready(continuation, value)
      is State.Ready<*> ->
        throw IllegalStateException("Cannot yield while ready.")
      State.Done ->
        throw IllegalStateException("Cannot yield while done.")
    }
  }

  ...
}
```

yield 的作用就是生产新元素，并挂起生成器，因此它一定是一个挂起函数。为方便后续恢复执行，我们将当前挂起点的 Continuation 保存于状态中，并将当前状态设置为 Ready。

在函数的实现中，我们对当前状态进行了判断，这也是复合协程实现的一个核心逻辑：状态机。无论是何种场景下的协程，都将会有挂起、恢复、结束等相对应的状态需要维护，同时在有对应的事件到达时也需要完成状态的转移。根据不同场景的需要，状态转移在必要时也需考虑原子性。本例中，生成器仅限于单线程使用，因此无需进行并发设计，直接对状态进行判断流转即可。

yield 调用时挂起事件到达，类似地，我们也可以在恢复、完成等事件到达时流转状态机，如代码清单 4-6 所示。

代码清单 4-6　Generator 的其他状态流转

```
class GeneratorIterator<T>(...): ... {
  ...

  private fun resume() {
    when(val currentState = state) {
      is State.NotReady -> currentState.continuation.resume(Unit)
    }
```

```
    }

    override fun hasNext(): Boolean {
      resume()
      return state != State.Done
    }

    override fun next(): T {
      return when(val currentState = state) {
        is State.NotReady -> {
          resume()
          return next()
        }
        is State.Ready<*> -> {
          state = State.NotReady(currentState.continuation)
          (currentState as State.Ready<T>).nextValue
        }
        State.Done -> throw IndexOutOfBoundsException("No value left.")
      }
    }

    override fun resumeWith(result: Result<Any?>) {
      state = State.Done
      result.getOrThrow()
    }
  }
```

其中恢复事件由 hasNext 和 next 两个函数调用触发，如果恢复事件到达时是 NotReady 状态，立即恢复执行直到生成器内部再次挂起或者完成，此时进入 Ready 状态（见 yield 的实现），完成后调用 resumeWith 并将状态转为 Done。

至此，Generator 的实现完成。

4.1.2 标准库的序列生成器介绍

Kotlin 标准库中提供了类似的生成器实现，通常我们也称它为“懒”序列生成器。序列生成器的使用方法与我们前面实现的 Generator 颇为相似，如代码清单 4-7 所示。

代码清单 4-7 标准库中的序列生成器的使用

```
val sequence = sequence {
  yield(1)
  yield(2)
  yield(3)
  yield(4)
```

```
  yieldAll(listOf(1,2,3,4))
}

for(element in sequence){
  println(element)
}
```

sequence 函数接收一个函数类型的参数，这个参数即为序列生成器的执行体，实际上也就是协程体。这里的 yield 函数的作用与我们在 Generator 中的实现完全一致，不同之处在于它支持批量生产元素的函数 yieldAll。当然，大家应当也会注意到另外一个不同点，generator 函数返回的仍然是一个函数，调用时允许传入一个参数作为“种子”来得到不同的迭代器，而 sequence 函数调用后返回的结果直接就是迭代器了。

序列生成器是 Kotlin 标准库当中唯一基于简单协程设计实现的复合协程 API，在一些相对简单的场景下可以直接使用它来构建序列，例如代码清单 4-8 所示 Fibonacci 序列。

代码清单 4-8　使用序列生成器实现 Fibonacci 序列

```
val fibonacci = sequence {
  yield(1L) // first Fibonacci number
  var current = 1L
  var next = 1L
  while (true) {
    yield(next) // next Fibonacci number
    next += current
    current = next - current
  }
}

fibonacci.take(10).forEach(::println)
```

我们得到的 fibonacci 实际上就是一个迭代器，迭代结果就是 Fibonacci 序列。在本例中，我们通过 take(10) 来取其前 10 个元素并输出。

顺带提一句，sequence 函数的参数的 Receiver 是 SequenceScope，这个类被注解 Restricts-Suspension 标注，表示所有以 SequenceScope 为 Receiver 的扩展挂起函数内部都只能调用自己的挂起函数，也就是说在序列生成器的协程体内能够调用的挂起函数只有 yield 和 yieldAll。

4.2　Promise 模型

Promise 模型（或者说 async/await）是目前最常见也最容易理解和上手的协程实现。

本节我们同样通过对它的实现，来加深读者对 Kotlin 协程相关特性的认识和理解。

4.2.1 async/await 与 suspend 的设计对比

我们前面讨论 async/await 的设计时提到 async 函数内部可以对符合 Promise 协议的异步回调进行 await，使得异步逻辑变成了同步代码。这实际上也是目前主流语言中最受欢迎的一种协程实现，它的关键点就在于将函数分为两种：

- 普通函数：只能够调用普通函数，不存在协程的挂起和恢复逻辑。
- async 函数：既可以调用普通函数，也可以调用 async 函数，且可以将回调通过 await 同步化。

async 和 await 各司其职，实现了协程的挂起和恢复的逻辑，开发者在接触这两个关键字时几乎没有任何上手成本。

我们再来看看 Kotlin 的 suspend 函数。把前面描述 async 函数的内容用 suspend 替换之后，我们发现几乎完全适用，也就是说 suspend 本身包含了 async 的语义；而我们又知道 suspend 函数通过隐式传入的 Continuation 参数来完成异步回调的同步化，因此它实际上也包含了 await 的语义。在实践中，suspend 究竟扮演了何种角色，要看分析的角度。

我们给出一个例子来说明这一点，如代码清单 4-9 所示。

代码清单 4-9 suspend 与 async/await 的对比

```
fun main() {
  suspend { // ... ①
    val user = getUser()
    println(user)
  }.startCoroutine(completion)
}

suspend fun getUser(): User = suspendCoroutine { // ... ②
  ...
}
```

代码清单 4-9 中，我们看到有两个 suspend，其中①处是用于修饰协程体，相对于协程体内部而言，它的作用就是 async；相对于 completion 而言，它的作用其实就是 await，因为 completion 需要等待它执行完并返回结果。②处的 suspend 相对于 suspendCoroutine 函数（也是一个挂起函数）的调用，实际上就是 async 的作用，而从返回结果来讲则就是 await 的作用了。

再来看一个例子，如代码清单 4-10 所示。

代码清单 4-10　suspend 在不同场景下的作用

```
suspend fun getUser(): User {
  return getUserLocal()?: getUserRemote()
}

suspend fun getUserRemote(): User = suspendCoroutine {
  ...
}

suspend fun getUserLocal(): User? = suspendCoroutine {
  ...
}
```

getUser 函数可以调用后面的两个挂起函数，这里 suspend 充当了 async 的角色；getUser 直接返回了异步的结果 User，这里 suspend 扮演了 await 的角色。

总结一下，从函数的分类上来讲，suspend 确定了它的身份，类似于 async；从函数的返回结果上来讲，suspend 允许返回异步的结果，又类似于 await。

说明　不得不说 Kotlin 协程在关键字设计上是用了心思的，Kotlin 协程的基础设施为我们提供了足够的想象空间和发挥的可能，不管你想要什么风格的复合协程 API，几乎都可以基于 Kotlin 协程的基础设施完成。不过客观地讲，Kotlin 协程的设计复杂度和学习曲线远高于其他语言的 async/await 实现，如果只是单纯用来同步化异步回调，后者明显更合适，但 Kotlin 协程能做的远不止这些。也正是因为这一点，Kotlin 协程的设计者 Roman 认为 Kotlin 协程实际上更像 Quasar 而不是 JavaScript 或者 C# 的 async/await。

4.2.2　仿 JavaScript 的 async/await 实现

用 Kotlin 协程实现类似 async/await 的复合协程并不是一件困难的事情。我们以 Retrofit 为例，先定义以下接口，如代码清单 4-11 所示。

代码清单 4-11　GitHub 获取用户信息的接口定义

```
interface GitHubApi {
  @GET("users/{login}")
  fun getUserCallback(@Path("login") login: String): Call<User>
}
```

通过该接口构造出 githubApi 对象，最终使用效果如代码清单 4-12 所示。

代码清单 4-12 async/await 实现的使用效果

```
async {
  val user = await { githubApi.getUserCallback("bennyhuo") }
  println(user)
}
```

实现这样的效果，只需要定义 async 函数，用来启动协程，并且提供一个 AsyncScope 如代码清单 4-13 所示。

代码清单 4-13 通过 async 启动协程

```
interface AsyncScope

fun async(
  context: CoroutineContext = EmptyCoroutineContext,
  block: suspend AsyncScope.() -> Unit
) {
  val completion = AsyncCoroutine(context)
  block.startCoroutine(completion, completion)
}

class AsyncCoroutine(override val context: CoroutineContext = EmptyCoroutineContext):
Continuation<Unit>, AsyncScope {
  override fun resumeWith(result: Result<Unit>) {
    result.getOrThrow()
  }
}
```

再为 AsyncScope 定义一个 await 函数来转换回调即可，回调转协程使用 suspend-Coroutine，如代码清单 4-14 所示。

代码清单 4-14 await 函数的实现

```
suspend fun <T> AsyncScope.await(block: () -> Call<T>) = suspendCoroutine<T> {
  continuation ->
  val call = block()
  call.enqueue(object : Callback<T>{
    override fun onFailure(call: Call<T>, t: Throwable) {
      continuation.resumeWithException(t)
    }

    override fun onResponse(call: Call<T>, response: Response<T>) {
      if(response.isSuccessful){
        response.body()?.let(continuation::resume)
          ?: continuation.resumeWithException(NullPointerException())
```

```
        } else {
          continuation.resumeWithException(HttpException(response))
        }
      }
    })
  }
```

我们可以看到，async 启动的协程不需要返回值，因此作为 completion 存在的 AsyncCoroutine 没有泛型参数，而 await 有个泛型参数 T 作为回调的结果类型。AsyncScope 接口是作用域，它只有一个作用，就是约束 await 函数的调用位置，确保只能在 async 函数启动的协程内部调用。

至此，async/await 实现完毕。由于它内部的状态非常简单，只有被封装的回调的完成状态，因而我们没有专门提供状态机的定义。

在本书后续的探讨过程中，我们为 Kotlin 的协程引入了取消处理、异常处理等逻辑，彼时 async 启动的协程的状态机就显得至关重要了。当然，Kotlin 官方协程框架最终的 async API 与本节的实现略有不同，大家也可以仔细对比这二者的设计差异，体会 Kotlin 协程框架 API 的设计意图（参见 5.3.4 节）。

说明 我们在本节的实现过程中预留了协程上下文作为 async 函数的参数，因此也可以为 async 启动的协程指定一个合适的拦截器来实现线程切换。

4.3 Lua 风格的协程 API

我们在讨论 Kotlin 协程时，总是说创建了一个简单协程，但却没有看到有哪个类或者对象具体与之对应。在之前复合协程设计的案例中，我们总是把协程的状态机封装在协程的完成回调 Continuation 实例中，随着后续案例的逐步展开，大家就会发现这个实例也会因提供各种协程的能力封装而被当作 Kotlin 的复合协程本身（参见 5.2 节对 Job 的讨论）。

Lua 的 API 比较直接，创建一个协程就好像我们在 Java 中创建了一个线程一样，只需提供一个函数，并得到一个协程的控制类来控制协程的执行（参见 2.3.2 节）。Lua 的协程 API 是比较经典的实现，我们同样可以基于 Kotlin 的简单协程来实现这样一套 API，以此来进一步加深对非对称与对称协程的概念的认识和理解。

4.3.1 非对称 API 实现

非对称 API 正是 Lua 标准库协程 API 的做法，不同之处在于 Lua 是动态类型语言，因此参数类型无须指定。我们在实现Kotlin的版本时需要明确协程的参数和返回值类型，最终的效果如代码清单4-15所示。

代码清单4-15 非对称协程API的使用效果

```
val producer = Coroutine.create<Unit, Int>(Dispatcher()) {
  for (i in 0..3) {
    println("send $i")
    yield(i)
  }
  200
}

val consumer = Coroutine.create<Int, Unit>(Dispatcher()) { param: Int ->
  println("start $param")
  for (i in 0..3) {
    val value = yield(Unit)
    println("receive $value")
  }
}

while (producer.isActive && consumer.isActive){
  val result = producer.resume(Unit)
  consumer.resume(result)
}
```

可以看到，通过Coroutine的伴生对象的函数create来创建协程，参数为协程体，协程体的参数类型和返回值类型由泛型参数指定；create的返回值主要用来控制协程的执行，结合前面的案例，我们不难想到它就是封装了协程状态机的实例，我们也习惯于将这个实例作为协程的完成回调；yield函数类似于序列生成器中yield的作用，将当前协程挂起并将它的参数作为协程这一次resume调用的返回值。

另外，还可以通过调用isActive来观察协程的状态是否已经执行完，协程的状态设计如代码清单4-16所示。

代码清单4-16 协程的状态

```
sealed class Status {
  class Created(val continuation: Continuation<Unit>): Status()
  class Yielded<P>(val continuation: Continuation<P>): Status()
  class Resumed<R>(val continuation: Continuation<R>): Status()
  object Dead: Status()
}
```

其中。

- Created：表示协程创建之后不会立即执行，需要等待 resume 函数的调用。
- Yielded：表示协程内部调用 yield 函数之后挂起。泛型参数 P 表示协程的参数类型，该类型并非 yield 函数的参数类型（resume 函数的返回值类型），而是 resume 函数的参数类型（yield 函数的返回值类型），我们用 P 来指代这个类型也是取 Parameter 之意。
- Resumed：表示协程外部调用 resume 函数之后协程继续执行。泛型参数 R 表示协程的返回值类型，与 Yielded 的泛型参数恰好相反，该类型是 yield 的参数类型，R 取 Result 之意。
- Dead：表示协程已经执行完毕。

如图 4-3 所示，状态的转移与前文中提到的类似，这里的 Yielded 等价于之前的 Suspended，调用 yield 函数之后协程即进入挂起状态。

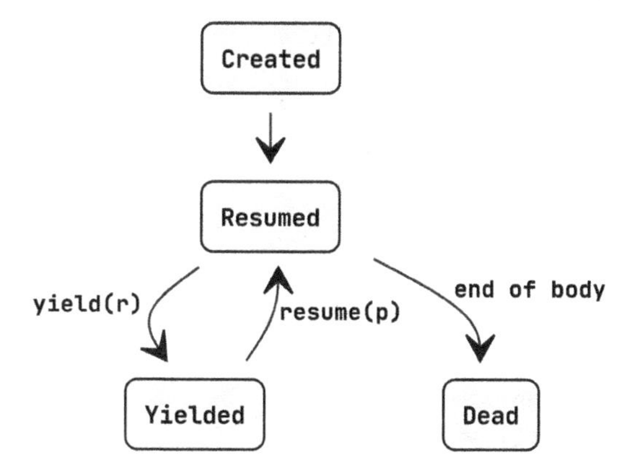

图 4-3　Lua 风格的协程 API 状态转移示意

我们再创建一个 CoroutineScope，用来约束 yield 的调用范围，如代码清单 4-17 所示。

代码清单 4-17　协程的作用域定义

```
interface CoroutineScope<P, R> {
  val parameter: P?

  suspend fun yield(value: R): P
}
```

其中 parameter 是协程体启动时的参数。

接下来创建 Coroutine 类来承载状态机维护及 completion 的作用，如代码清单 4-18 所示。

代码清单 4-18　协程的描述类定义

```
class Coroutine<P, R> (
  override val context: CoroutineContext = EmptyCoroutineContext,
  private val block: suspend CoroutineScope<P, R>.(P) -> R
): Continuation<R> {

  companion object {
    fun <P, R> create(
      context: CoroutineContext = EmptyCoroutineContext,
      block: suspend CoroutineScope<P, R>.(P) -> R
    ): Coroutine<P, R> {
      return Coroutine(context, block)
    }
  }

  private val scope = object : CoroutineScope<P, R>{
    override var parameter: P? = null

    override suspend fun yield(value: R): P
      = suspendCoroutine { continuation ->
        ...
    }
  }

  private val status: AtomicReference<Status>

  val isActive: Boolean
    get() = status.get() != Status.Dead

  init {
    val coroutineBlock: suspend CoroutineScope<P, R>.() -> R = {
      block(parameter!!)
    }
    val start = coroutineBlock.createCoroutine(scope, this)
    status = AtomicReference(Status.Created(start))
  }
  ...
}
```

为了避免协程外部对协程进行 yield 调用，我们没有直接让 Coroutine 实现 CoroutineScope 接口，而是在内部创建了一个匿名内部类。需要注意的是，不同于生成器的协程案例，我们对于 status 的定义用到了 AtomicReference，这是为了确保状态机的流转在并发环境中仍然能够保证原子性。

我们再来看下 yield 的实现，见代码清单 4-19。

代码清单 4-19　yield 函数的实现

```
...
private val scope = object : CoroutineScope<P, R> {
  ...
  override suspend fun yield(value: R): P = suspendCoroutine {
    continuation ->
    val previousStatus = status.getAndUpdate {
      when(it) {
        is Status.Created ->
          throw IllegalStateException("Never started!")
        is Status.Yielded<*> ->
          throw IllegalStateException("Already yielded!")
        is Status.Resumed<*> ->
          Status.Yielded(continuation)
        Status.Dead ->
          throw IllegalStateException("Already dead!")
      }
    }

    (previousStatus as? Status.Resumed<R>)
      ?.continuation?.resume(value)
  }
}
...
```

status.getAndUpdate 接收一个参数为上一个状态的函数，并要求返回新的状态，如果执行后更新状态时发现状态已经改变，该函数可能会被执行多次。调用 yield 执行挂起时，当前状态一定要是 Resumed 状态，否则就是非法状态。此时我们可以通过 previousStatus 获取到上一个状态，如果它确实是 Resumed，就调用它的 continuation.resume，来恢复此前恢复执行当前协程的协程（也就是其他协程中对当前协程的 resume 函数的调用返回并继续执行）。

协程的 resume 函数的实现如代码清单 4-20 所示。

代码清单 4-20　resume 函数的实现

```
class Coroutine<P, R> (...): Continuation<R> {
  ...
  suspend fun resume(value: P): R = suspendCoroutine {
    continuation ->
    val previousStatus = status.getAndUpdate {
      when(it) {
        is Status.Created -> {
          scope.parameter = value
          Status.Resumed(continuation)
        }
```

```
        is Status.Yielded<*> -> {
          Status.Resumed(continuation)
        }
        is Status.Resumed<*> ->
          throw IllegalStateException("Already resumed!")
        Status.Dead ->
          throw IllegalStateException("Already dead!")
      }
    }

    when(previousStatus){
      is Status.Created ->
        previousStatus.continuation.resume(Unit)
      is Status.Yielded<*> ->
        (previousStatus as Status.Yielded<P>)
          .continuation.resume(value)
    }
  }
}
```

外部调用 resume 恢复执行该协程时，当前状态可能为：

- Created，即协程只是创建，并未启动。
- Yielded，即协程执行时挂起。

流转状态时，调用 status 持有的 Continuation 对象的恢复调用来执行协程即可。

最后就是 resumeWith 的实现，它的调用表示该协程已经执行完毕，如代码清单 4-21 所示。

代码清单 4-21　协程完成时的状态转移

```
class Coroutine<P, R> (...): Continuation<R> {
  ...
  override fun resumeWith(result: Result<R>) {
    val previousStatus = status.getAndUpdate {
      when(it) {
        is Status.Created ->
          throw IllegalStateException("Never started!")
        is Status.Yielded<*> ->
          throw IllegalStateException("Already yielded!")
        is Status.Resumed<*> -> {
          Status.Dead
        }
        Status.Dead ->
          throw IllegalStateException("Already dead!")
      }
```

```
    }
    (previousStatus as? Status.Resumed<R>)
      ?.continuation?.resumeWith(result)
  }
}
```

这里很容易理解，调用时协程一定已经开始执行，并且不能是挂起状态（Yielded），最终状态流转为 Dead，并将执行权还给最后一次调用它的 resume 函数的外部协程。

本例中，用以承载协程的各项能力的类 Coroutine 作为协程的描述类，它的对象指代了一个复合协程的实例。至此，Lua 风格的非对称协程 API 完成。

4.3.2 对称 API 实现

如果要实现对称协程，那么意味着协程可以任意、平等地传递调度权。传递过程中，调度权转出的协程需要提供目标协程的对象及参数，目标协程应处于挂起状态等待接收调度权，中间应当有一个控制中心来协助完成调度权的转移。控制中心需要具备以下能力：

- 在当前协程挂起时接收调度权。
- 根据目标协程对象来完成调度权的最终转移。

这个控制中心显然可以是一个能够恢复（当前协程挂起时）和挂起（传递调度权给目标协程时）执行的协程，因此对称 API 可以直接基于 4.3.1 节的非对称 API 来实现，只需要“提拔”一个特权协程作为控制中心即可。

效果如代码清单 4-22 所示。

代码清单 4-22　使用对称协程 API 创建协程

```
object SymCoroutines {
  val coroutine0: SymCoroutine<Int> = SymCoroutine.create<Int> {
    param: Int ->
    println("coroutine-0 $param")
    var result = transfer(coroutine2, 0)
    println("coroutine-0 1 $result")
    result = transfer(SymCoroutine.main, Unit)
    println("coroutine-0 1 $result")
  }

  val coroutine1: SymCoroutine<Int> = SymCoroutine.create {
    param: Int ->
    println("coroutine-1 $param")
    val result = transfer(coroutine0, 1)
    println("coroutine-1 1 $result")
  }
```

```
  val coroutine2: SymCoroutine<Int> = SymCoroutine.create {
    param: Int ->
    println("coroutine-2 $param")
    var result = transfer(coroutine1, 2)
    println("coroutine-2 1 $result")
    result = transfer(coroutine0, 2)
    println("coroutine-2 2 $result")
  }
}
```

我们创建了三个对称协程，协程体内部可以通过调用 transfer 来完成调度权转移。下面我们通过特权协程来启动这几个协程，如代码清单 4-23 所示。

代码清单 4-23　对称协程的执行入口

```
SymCoroutine.main {
  println("main 0")
  val result = transfer(SymCoroutines.coroutine2, 3)
  println("main end $result")
}
```

在上述代码中，特权协程即 SymCoroutine.main 背后的协程，它控制着协程的调度权转移，因而也可以称为控制中心。我们提前将其实例化用于承载程序的主控制流程，通过调用它的 transfer 将调度权转移给 coroutine2，进而开始了对称协程的调度权的转移过程。由于对称协程需要在自身协程体执行完之前将调度权传出以示执行完成，因此最终调度权又会回到控制中心，程序退出。

整个调度权转移流程如图 4-4 所示。

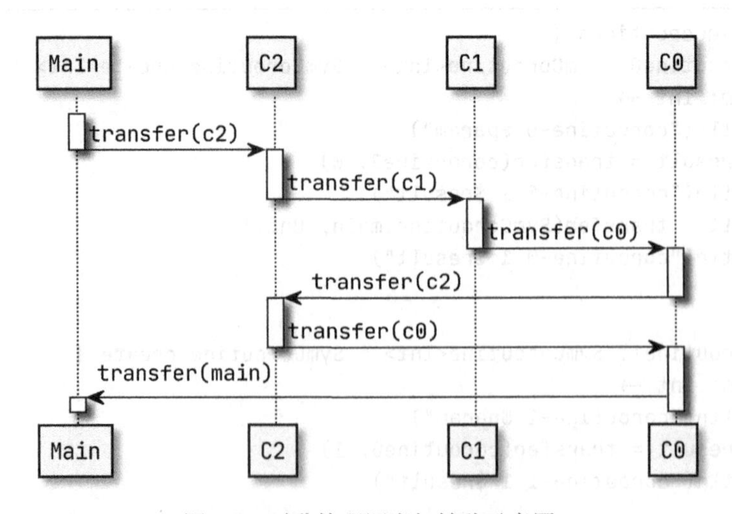

图 4-4　对称协程调度权转移示意图

类似地，我们定义一个接口来提供 transfer 函数，如代码清单 4-24 所示。

代码清单 4-24　transfer 函数的声明

```
interface SymCoroutineScope<T> {
  suspend fun <P> transfer(symCoroutine: SymCoroutine<P>, value: P): T
}
```

其中泛型参数 T 为对称协程的参数类型，transfer 函数的泛型参数 P 则是目标协程的参数类型。需要注意的是，不同于非对称协程，对称协程自身的定义决定了它不存在返回值。

接下来我们给出 SymCoroutine 的定义以及它的 create 和 main 函数的定义，如代码清单 4-25 所示。

代码清单 4-25　协程的描述类以及入口 API 的定义

```
class SymCoroutine<T>(
  override val context: CoroutineContext = EmptyCoroutineContext,
  private val block: suspend SymCoroutineScope<T>.(T) -> Unit
) : Continuation<T> {

  companion object {
    lateinit var main: SymCoroutine<Any?>

    suspend fun main(
      block: suspend SymCoroutineScope<Any?>.() -> Unit
    ) {
      SymCoroutine<Any?> {
         block()
      }.also {
        main = it
      }.start(Unit)
    }

    fun <T> create(
      context: CoroutineContext = EmptyCoroutineContext,
      block: suspend SymCoroutineScope<T>.(T) -> Unit
    ): SymCoroutine<T> {
      return SymCoroutine(context, block)
    }
  }

  val isMain: Boolean
    get() = this == main
  ...
}
```

调用SymCoroutine.main时创建一个特权协程作为控制中心，并将其赋值给属性main，以便其他协程在需要时将调度权归还。

接下来我们需要思考下当前协程如何将调度权转出。由于当前协程本质上是由特权协程启动的协程，因此它只需要通过调用内部的非对称协程的yield来挂起自己，调度权自然就回到了特权协程，特权协程只需要读取它自己的resume的返回值即可得到目标协程对象及参数。因此yield的参数类型定义如下：

```
class Parameter<T>(val coroutine: SymCoroutine<T>, val value: T)
```

SymCoroutine内部的非对称协程的定义如代码清单4-26所示。

代码清单4-26　对称协程内部调用非对称协程

```
class SymCoroutine<T>(...) : Continuation<T> {
  ...
  private val coroutine = Coroutine<T, Parameter<*>>(context) {
    Parameter(this@SymCoroutine, suspend {
      block(body, it)
      if(this@SymCoroutine.isMain) Unit
      else {
        throw IllegalStateException("SymCoroutine cannot be dead.")
      }
    }() as T)
  }

  override fun resumeWith(result: Result<T>) {
    throw IllegalStateException("SymCoroutine cannot be dead!")
  }

  suspend fun start(value: T) {
    coroutine.resume(value)
  }
  ...
}
```

对于内部的非对称协程而言，yield函数的参数类型Parameter<T>自然就是它的返回值类型，因此我们看到协程体内构造了一个Parameter的实例。不过请大家留意这个对象的参数，这个写法实际上是非常暧昧的：我们知道Parameter构造时参数应为目标协程和目标协程的参数，但我们在此处把目标协程设定为了自己。这是为什么呢？因为这是该协程执行完后的最后一行代码，回想下我们讲过的对称协程在执行完成之前必须交出调度权的规定，就很容易想到这段代码只会被特权协程执行，而这一点也在第二个参数的Lambda表达式调用中体现出来了。第二个参数实际上是创建了一个Lambda表达式并且立即调用了它，在其中执行 block 来触发协程体的执行，普通的对称协程在 block 内部就会通过调用 transfer 交出调度权。

接下来就是最关键的 transfer 函数的实现了，见代码清单 4-27。

代码清单 4-27　transfer 函数的实现

```
class SymCoroutine<T>(...) : Continuation<T> {
  ...
  private val body: SymCoroutineScope<T> =
    object : SymCoroutineScope<T> {
      private tailrec suspend fun <P> transferInner(
        symCoroutine: SymCoroutine<P>,
        value: Any?
      ): T{
        if(this@SymCoroutine.isMain){
          return if(symCoroutine.isMain){
            value as T  // ... ③
          } else {
            val parameter =
              symCoroutine.coroutine.resume(value as P)  // ... ①
            transferInner(parameter.coroutine, parameter.value)
          }
        } else {
          coroutine.run {
            return yield(Parameter(
                          symCoroutine,
                          value as P
                        ))  // ... ②
          }
        }
      }

      override suspend fun <P> transfer(
        symCoroutine: SymCoroutine<P>,
        value: P
      ): T {
        return transferInner(symCoroutine, value)
      }
    }
}
```

我们按照前面的用例来分析代码清单 4-27 中 transfer 的调用逻辑。

- 程序开始执行时，调度权最开始在特权协程手中，调用 transfer 将调度权转给 coroutine2，那么这时在①处执行 coroutine2，并将自己挂起。

- 接下来 coroutine2 调用 transfer 函数转给 coroutine1 时，先将调度权交出，实际上就是在②处调用 yield 将自己挂起，此时接收调度权的特权协程在①处的 resume 函数返回，parameter 中携带的其实就是 coroutine1 和它的参数。
- 此时在特权协程中递归调用 transferInner 并再次进入①处挂起自己，由于 coroutine1 尚未启动，因此直接开始执行，直到调用 transfer 转给 coroutine0。转移过程类似。
- 最终，在 coroutine0 中将调度权归还给特权协程，transferInner 落入③处分支直接返回。

对照图 4-4 中的前两个 transfer 函数调用，我们将它的内部使用非对称 API 实现调度权转移的细节进一步呈现出来，如图 4-5 所示。

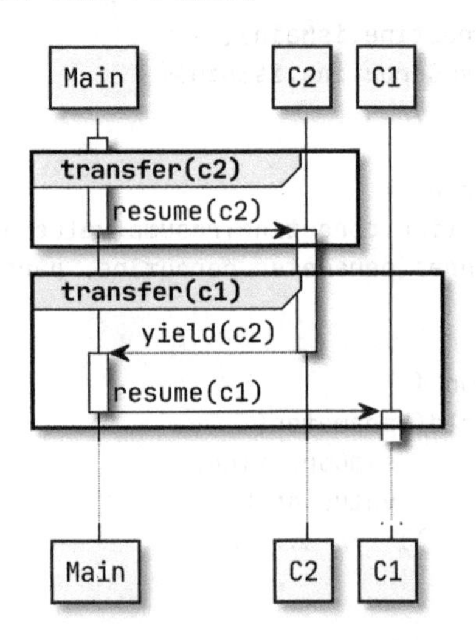

图 4-5　调度权转移内部实现示意

transfer 函数的实现相对复杂，主要体现在转移调度权时几个协程分别在不同的位置挂起和恢复，请大家仔细体会。

本例中，SymCoroutine 作为提供了各种特性封装的类型，充当了复合协程的描述类。至此，基于非对称协程 API 实现的对称协程 API 完成。

4.4　再谈协程的概念

通过对以上案例的实现，想必大家对于协程的概念有了更进一步的认识，同时对于如何使用简单协程封装和实现复合协程也有了基本的思路。

4.4.1　简单协程与复合协程

协程的基础设施范畴内的简单协程本身只有基本的挂起和恢复的能力，而我们在把简单协程运用到实践的过程中，基于这些基础设施又实现了更多更易用的功能，这些功能与简单协程本身形成一个整体，进而得到框架层面的复合协程。

我们在第 3 章探讨协程的基础设施时，主要讨论的是简单协程的概念和用法，而本章则基于简单协程尝试实现更适用于特定场景的复合协程，其中 Generator、Coroutine、SymCoroutine、AsyncCoroutine，以及接下来要讲到的 Job 和 Deferred，都是复合协程的描述类（见图 4-6）。

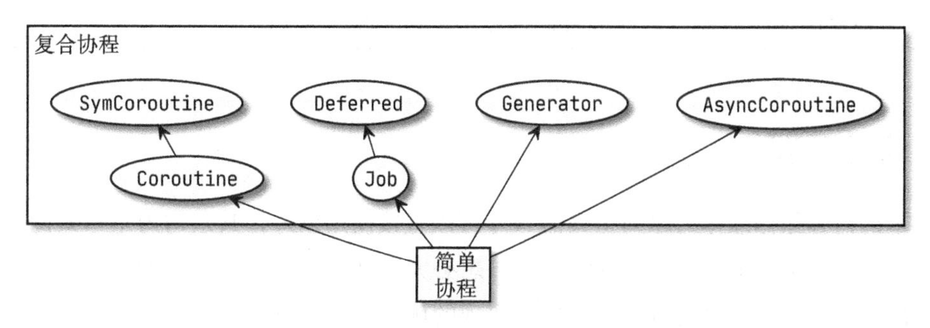

图 4-6　简单协程与复合协程的实现关系

4.4.2　复合协程的实现模式

通过复合协程的实现过程，我们一方面能够从这些例子中体会到 Kotlin 协程基础设施的强大，从而加深对协程的挂起、恢复的本质的理解，另一方面也能够对于复合协程的实现模式有初步的认识。

结合前面几个案例的实现，我们可以把**复合协程实现模式**归纳如下。

- 协程的构造器：我们总是需要一套更好更简便的 API 来创建协程，例如 async { ... } 或 Coroutine.create{ ... }。
- 协程的返回值：协程可以有返回值，这一点主要是由协程完成时对 completion 的调用来保证的。
- 协程的状态机：在 Kotlin 协程的基础设施中，协程本身已经存在创建、执行、挂起、完成等状态了，我们通常需要对这些状态进行管理以控制协程的执行逻辑。简而言之，复合协程的实现基本上就是明确事件输入和状态流转的过程。另外，状态流转过程在并发环境下还需要考虑并发安全的问题，我们可以在状态流转时通过加锁来确保这一点，也可以采用更高效的 CAS 算法来确保状态流转的原子性。

- 协程的作用域：作用域主要用作协程体的 Receiver，从而令协程体能够方便地获得协程自身的信息或者调用协程体专属的函数（例如 yield）。

这些内容将在第 5 章得到进一步实践。

引言 相比之下，线程的调度执行逻辑对开发者而言是无感知的。对于开发者而言，线程只存在创建、执行和完成这几种状态，但实际上线程也会被挂起和恢复，只是这些状态的维护由操作系统负责处理。

示例中我们使用 AtomicReference 来确保原子性，但这并非性能上的最优解。同等逻辑下，更换为 AtomicReferenceFieldUpdater 可减少内存开销，但代码可读性会大幅度降低。本书中案例采用前者主要是为了便于理解。

4.5 本章小结

本章的内容除标准库的序列生成器 API 可以直接使用以外，其余均为本书案例，仅供学习参考。经过仿写主流风格的 API 设计，想必大家已经对 Kotlin 协程的基础设施有了足够深入的了解和认识，也对各类复合协程实现的优缺点有了自己的心得体会。下一章我们将参考官方协程框架 kotlinx.coroutines 来继续我们的 Kotlin 协程探索之旅。

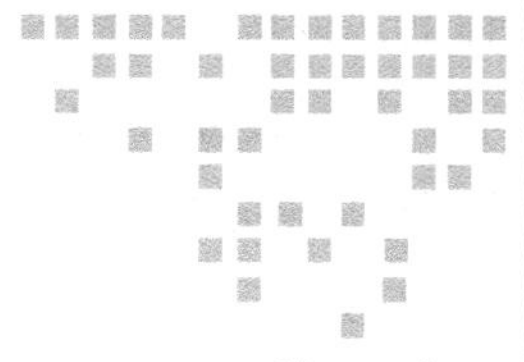

第 5 章 Chapter 5

Kotlin 协程框架开发初探

在第 4 章中，我们尝试运用 Kotlin 协程的基础设施封装一些更贴近业务的复合协程 API，以此来了解 Kotlin 协程框架开发的思路和方法。而在业务开发中，我们通常会基于官方协程框架 kotlinx.coroutines（https://github.com/Kotlin/kotlinx.coroutines）来运用 Kotlin 协程优化异步逻辑。这个框架过于庞大和复杂，很多初学者刚接触它就直接被“劝退”。

为了让大家能够在后续的学习中游刃有余，在使用官方给出的复合协程时能够胸有成竹，我们暂且抛开它，按照它的设计思路（https://github.com/kotlin/KEEP/blob/master/proposals/coroutines.md），依赖协程的基础设施实现一个轻量级版本的协程框架——CoroutineLite。

CoroutineLite（https://github.com/enbandari/CoroutineLite）已经开源。它的代码量很小，在实现方案选型上也优先考虑可读性，因此适合学习研究，而不适合线上生产。

5.1 开胃菜：实现一个 delay 函数

在实现一个 delay 函数之前，我们先来思考下 delay 函数的作用。

在使用线程的时候，如果希望代码延迟一段时间再执行，我们通常会选择使用 Thread.sleep 这个函数，这个函数会令当前线程阻塞。

在协程当中同样可以这样做，因为我们知道，操作系统的调度机制决定了代码终究会运行在内核线程上，只是这么做不好。我们明知道协程可以挂起，却要阻塞线程，这岂不是浪费资源？我们的目的是让后面的代码延迟一段时间执行，只要做到这一点就足够了，因此 delay 的实现可以确定以下两点：

- 不需要阻塞线程。
- 是个挂起函数，指定时间之后能够恢复执行即可。

接下来我们先给出 delay 函数的声明，如代码清单 5-1 所示。

代码清单 5-1 delay 函数的声明

```
suspend fun delay(time: Long, unit: TimeUnit = TimeUnit.MILLISECONDS) {
  if(time <= 0){
    return
  }
  ...
}
```

其中，如果 time 不大于 0 表示无须延迟，因此直接返回即可。

接下来需要考虑挂起，我们自然会想到 suspendCoroutine，如代码清单 5-2 所示。

代码清单 5-2 delay 函数的挂起逻辑

```
suspend fun delay(time: Long, unit: TimeUnit = TimeUnit.MILLISECONDS) {
  ...
  suspendCoroutine<Unit> { continuation ->
    ...
  }
}
```

不难想到，只需要在指定时间 time 之后执行 continuation.resume 就可以了，只要能给我们提供这样一个定时回调的机制，就能轻松实现这样的功能，如代码清单 5-3 所示。

代码清单 5-3 用于执行延时任务的工具

```
private val executor = Executors.newScheduledThreadPool(1) { runnable ->
  Thread(runnable, "Scheduler").apply { isDaemon = true }
}
```

在 JVM 上，很自然地可以想到使用 ScheduledExecutorService，问题迎刃而解，如代码清单 5-4 所示。

代码清单 5-4 delay 函数的挂起逻辑的实现

```
...
suspendCoroutine<Unit> { continuation ->
  executor.schedule({ continuation.resume(Unit) }, time, unit)
```

```
}
...
```

通过以上的方法，我们实现了协程框架为我们提供的最常用的 API——delay 函数。

如果读者熟悉 ScheduledExecutorService 的工作机制，想必会感到疑惑：ScheduledExecutorService 在等待延时事件之时也会存在对后台线程的阻塞，这难道不也是对线程资源的浪费吗？这里有两个原因：

- 如果当前线程有特殊地位，例如 UI 相关平台的 UI 线程，或像 Vert.x 这样的事件循环所在的线程，那么这些线程是不能被阻塞的，因此切换到后台线程的阻塞是有意义的。
- 后台一个线程可以承载非常多的延时任务，例如，有 10 个协程调用 delay，那么只需要阻塞一个后台线程就可以实现这 10 个协程的延时执行。通过这种方式实现的 delay 实际上提升了线程资源利用率，如图 5-1 所示。

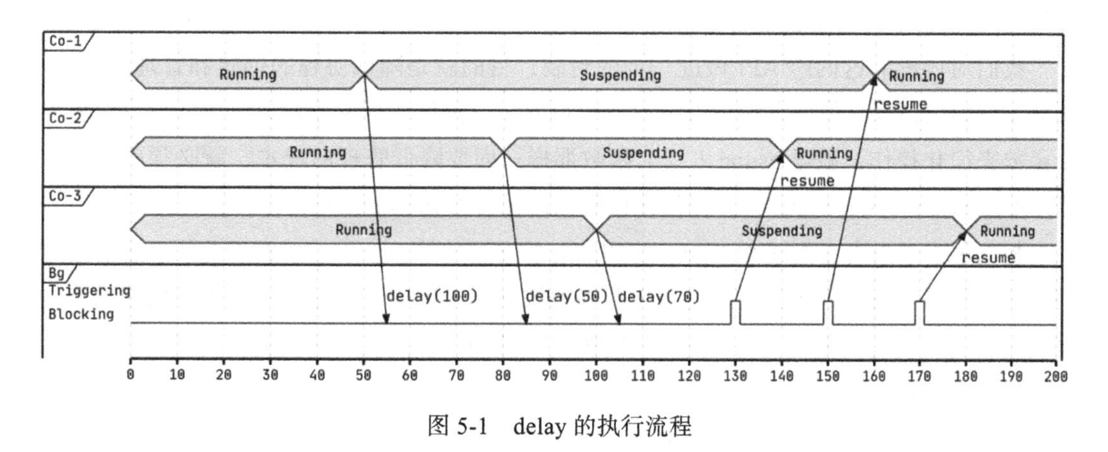

图 5-1　delay 的执行流程

说明　我们知道 Kotlin 协程也同时支持其他平台，在 JavaScript 上，delay 可以通过 setTimeout 来实现。

5.2　协程的描述

客观地讲，startCoroutine 和 createCoroutine 这两个 API 并不太适合直接在业务开发中使用，协程的设计者们也是这么考虑的。因此，对于协程的创建，在框架中也要根据不同的目的提供不同的构造器（Builder），其背后对于封装出来的复合协程的类型描述，则是至关重要的一环。

5.2.1 协程的描述类

我们先从标准库中创建和启动协程的 API，再来分析一个协程究竟由哪些部分组成：

```
fun <T> (suspend () → T).createCoroutine(completion: Continuation<T>)
  : Continuation<Unit>
fun <R, T> (suspend R.() → T).createCoroutine(
  receiver: R, completion: Continuation<T>
): Continuation<Unit>

fun <T> (suspend () → T).startCoroutine(completion: Continuation<T>)
fun <R, T> (suspend R.() → T).startCoroutine(
  receiver: R, completion: Continuation<T>
)
```

这两组 API 的差异在于 Receiver 的有无。在第 4 章介绍复合协程的实现模式的时候提到，Receiver 通常用于约束和扩展协程体。剩下的部分就是作为协程体的 suspend 函数和作为协程完成后回调的 completion 了。

我们对协程的这两组 API 做进一步的封装，目的就是降低协程的创建和管理的成本。从第 4 章尝试仿写其他语言的 API 的过程可以看出，降低协程的创建成本无非就是提供一个函数来简化操作，就像 async { ... } 函数那样；而要降低管理的成本，就必须引入一个新的类型来描述协程本身，并且提供相应的 API 来控制协程的执行。

相信很多开发者在刚接触 Kotlin 协程的时候遇到的第一个困惑就在于此了。官方协程的设计者们确实没有把协程对应的类型明确地放到标准库中，而是选择提供了构建简单协程的基础设施，这么做的好处是大家可以按照自己的理解封装不同的复合协程，而坏处就是在初学时难以上手。

反观线程，Java 平台上很明确地给出了线程的类型 Thread，再加上多年操作系统内核线程设计的沉淀，很少有人会难以分辨线程。所以，我们也需要这样一个类来描述协程，在这里我们按照官方协程框架的做法把它命名为 Job，它的 API 设计与 Java 的 Thread 也是殊途同归。下面我们给出它的定义，如代码清单 5-5 所示。

代码清单 5-5 Job 的声明

```
interface Job : CoroutineContext.Element {
  companion object Key : CoroutineContext.Key<Job>
  override val key: CoroutineContext.Key<*> get() = Job

  val isActive: Boolean

  fun invokeOnCancel(onCancel: OnCancel): Disposable
```

```
  fun invokeOnCompletion(onComplete: OnComplete): Disposable

  fun cancel()

  fun remove(disposable: Disposable)

  suspend fun join()
}
```

与 Thread 相比，Job 同样有 join，调用时会挂起（线程的 join 则会阻塞线程），直到协程完成；它的 cancel() 可类比为 Thread 的 interrupt()，用于取消协程；isActive 则可以类比 Thread 的 isAlive()，用于查询协程是否仍在执行。

此外，key 主要是用于将协程的 Job 实例存入它的上下文中，这样我们只要能够获得协程的上下文即可拿到 Job 的实例。invokeOnCancel 可以注册一个协程被取消时触发的回调，invokeOnCompletion 则可以注册一个协程完成时的回调，remove 则用于移除回调。

> 说明　官方协程框架中 Job 的定义中还有 start 函数，在启动模式为 Lazy 时，协程创建之后并不会立即开始执行，需要调用 start、join 等函数之后才会触发。CoroutineLite 的实现中暂时没有引入启动模式，因此没有设计 start 函数。

5.2.2　协程的状态

我们对协程进行封装，目的就是让它的状态管理更加简便。我们在第 4 章已经见过了不同场景下的状态定义，此处应当也是轻车熟路了。

对于协程来讲，启动之后主要就是**未完成**、**已取消**、**已完成**这几种状态。

状态的定义如代码清单 5-6 所示。

代码清单 5-6　协程的状态

```
sealed class CoroutineState {
  class Incomplete : CoroutineState()
  class Cancelling: CoroutineState()
  class Complete<T>(val value: T? = null,
    val exception: Throwable? = null) : CoroutineState()
}
```

对于这三种状态，我们进一步给出解释。

- Incomplete：协程启动后立即进入该状态，直到完成或者被取消。
- Cancelling：协程执行中被取消后进入该状态。进入该状态后，要等待协程体内部的挂起函数调用响应取消，响应后协程成功被取消抛出 CancellationException

取消，否则正常执行完成，两种情况都会调用完成回调的恢复调用将状态流转为 Complete，只是结果不同。这一点在后面讲到协程的取消时再详细分析。

- Complete：协程执行完成（包括正常返回和异常结束）时进入该状态。

完整的状态流转如图 5-2 所示。

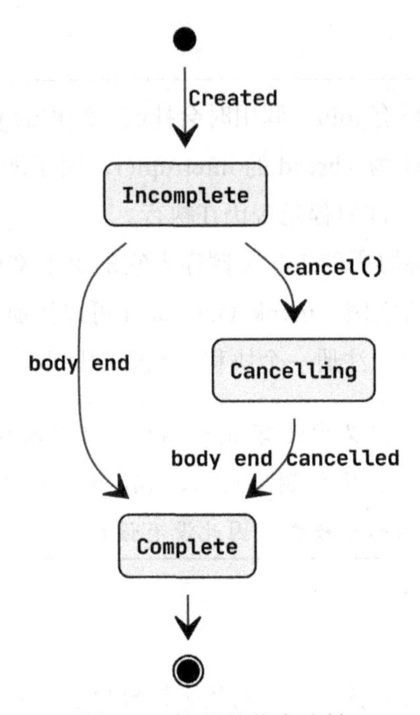

图 5-2　协程的状态流转

需要注意的是，这里除 Complete 有成员之外，其他状态类均无内部状态的变化，所以看上去声明为 object 似乎更合适。不过，考虑到 Job 有添加取消回调、完成回调的能力，我们还需要为这些状态添加新的成员，因此必须声明为 class。

5.2.3　支持回调的状态

注册回调时，需要根据当前状态值来采取不同的处理方式，回调注册的操作也必须是原子操作，否则会导致状态不一致。例如，图 5-3 中 A 处调用 invokeOnCancel 注册一个取消回调，注册时需要先读取当前状态，发现是 Incomplete，于是就开始注册，但在注册之前 B 处又调用了 cancel 将当前协程取消了，而 A 处对这一事件尚不知情，于是就发生了不一致的问题。

为了保证操作的原子性，我们可以选择加锁，但加锁本身又会产生较大的开销。而使用原子类来处理原子操作从性能上则会有较大的提升，因此我们在状态流转时采用类似于

第 4 章的非对称 API 内部的做法，如代码清单 5-7 所示：

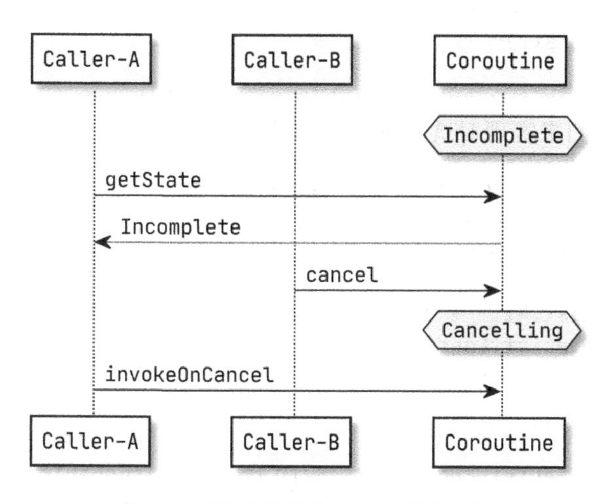

图 5-3　协程的状态不一致的情形

代码清单 5-7　状态转移的原子性

```
protected val state = AtomicReference<CoroutineState>()

override fun cancel() {
  val newState = state.updateAndGet { prev ->
    when (prev) {
      ... // 返回新状态
    }
  }
  ...
}
```

我们通过调用 updateAndGet 函数，在传给它的 Lambda 表达式中获取到当前状态并返回目标状态，如果在获取当前状态之后、设置最新的状态之前状态发生了变化，传入的 Lambda 表达式会被重复调用。

用于存放注册后的回调的数据结构也很重要，注册和移除回调时都会引起它的改变，如果它不支持并发安全，协程的状态流转同样无法保证正确。因此我们简单给出一个递归列表的实现，这个实现的好处就是具备不变性，如代码清单 5-8 所示。

代码清单 5-8　递归列表

```
sealed class DisposableList {
  object Nil: DisposableList()
  class Cons(
```

```
    val head: Disposable,
    val tail: DisposableList
  ): DisposableList()
}
```

我们可以通过递归来实现对这个列表的访问，如代码清单 5-9 所示。

代码清单 5-9　递归列表元素的访问

```
fun DisposableList.remove(disposable: Disposable): DisposableList {
  return when(this){
    DisposableList.Nil -> this
    is DisposableList.Cons -> {
      if(head == disposable){
        return tail
      } else {
        DisposableList.Cons(head, tail.remove(disposable))
      }
    }
  }
}

tailrec fun DisposableList.forEach(action: (Disposable) -> Unit): Unit =
  when(this){
    DisposableList.Nil ->Unit
    is DisposableList.Cons -> {
      action(this.head)
      this.tail.forEach(action)
    }
  }

inline fun <reified T: Disposable> DisposableList.loopOn(
  crossinline action: (T) -> Unit
) = forEach {
  when(it){
    is T -> action(it)
  }
}
```

接下来我们把这个数据结构添加到状态中，在状态发生变化时，上一个状态的回调可以传递给新状态，确保已注册的回调不丢失，同时由于这个列表是不可变的，因此也不存在并发安全的问题，如代码清单 5-10 所示。

代码清单 5-10　持有回调的状态

```
sealed class CoroutineState {
```

```
  private var disposableList: DisposableList = DisposableList.Nil

  fun from(state: CoroutineState): CoroutineState {
    this.disposableList = state.disposableList
    return this
  }

  fun with(disposable: Disposable): CoroutineState {
    this.disposableList = DisposableList.Cons(disposable, this.disposableList)
    return this
  }

  fun without(disposable: Disposable): CoroutineState {
    this.disposableList = this.disposableList.remove(disposable)
    return this
  }

  fun clear() {
    this.disposableList = DisposableList.Nil
  }
  ...
}
```

在创建新状态的时候，使用 from 即可拿到上一个状态的所有回调，如果要添加或者移除回调，必须构造新的状态实例。

5.2.4　协程的初步实现

既然协程的状态已经定义好了，剩下的就是为状态机输入事件了。我们为 Job 定义一个抽象子类，如代码清单 5-11 所示。

代码清单 5-11　协程的实现类

```
abstract class AbstractCoroutine<T>(context: CoroutineContext)
  : Job, Continuation<T> {

  protected val state = AtomicReference<CoroutineState>()

  override val context: CoroutineContext

  init {
    state.set(CoroutineState.Incomplete())
    this.context = context + this
  }
```

```
  val isCompleted
    get() = state.get() is CoroutineState.Complete<*>

  override val isActive: Boolean
    get() = when(state.get()){
      is CoroutineState.Complete<*>,
      is CoroutineState.Cancelling -> false
      else -> true
    }
  ...
}
```

AbstractCoroutine 类同时实现了 Continuation 接口（如图 5-4 所示），为了监听协程完成的事件而作为 completion 参数在启动时传入。在构造时，状态被设置为 Incomplete，同时作为 Job 的实现自身也被添加到协程上下文中，方便协程体内部以及其他逻辑获取。

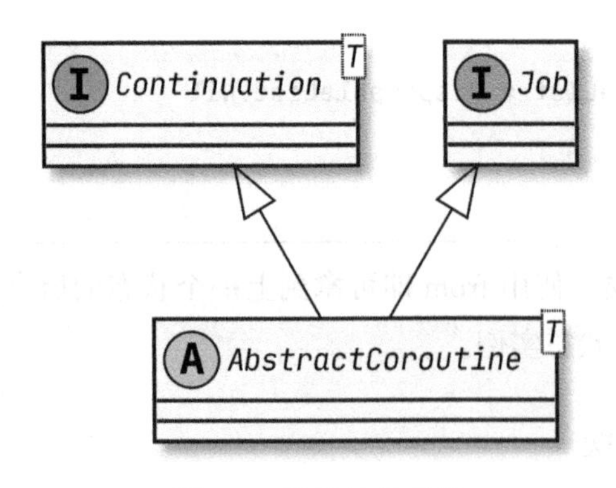

图 5-4　协程的实现类

Job 的接口都将在这个类中实现，我们先把这些接口函数添加到 AbstractCoroutine 中，用 TODO() 函数先占位，这些工作会在后续的几节中陆续完成。

5.3　协程的创建

我们已经给出了协程的描述，知道了协程应当具备哪些能力，接下来我们需要考虑如何封装协程的创建。

5.3.1　无返回值的 launch

如果一个协程的返回值是 Unit，那么我们可以称它“无返回值”（或者返回值为“空”类型）。对于这样的协程，我们只需要启动它即可，如代码清单 5-12 所示。

代码清单 5-12　创建协程

```
launch {
  println(1)
  delay(1000)
  println(2)
}
```

launch 的实现如代码清单 5-13 所示。

代码清单 5-13　launch 函数的实现

```
fun launch(
  context: CoroutineContext = EmptyCoroutineContext,
  block: suspend () -> Unit
): Job {
  val completion = StandaloneCoroutine(context)
  block.startCoroutine(completion, completion)
  return completion
}
```

其中 StandaloneCoroutine 是 AbstractCoroutine 的子类，目前只有一个空实现，如代码清单 5-14 所示。

代码清单 5-14　launch 函数对应的协程的实现类

```
class StandaloneCoroutine(context: CoroutineContext)
  : AbstractCoroutine<Unit>(context)
```

5.3.2　实现 invokeOnCompletion

用 launch 创建的协程可以立即运行起来，如果我们想知道它什么时候结束，可以通过注册 OnComplete 回调来做到这一点。

想要监听协程完成的事件，需要做两件事：

- 将回调注册到协程中，也可以支持回调的移除。
- 在协程完成时通知这些回调。

我们先来看看如何注册。Job 接口中定义的 OnComplete 实际上就是一个函数，它的声明如下：

```
typealias OnComplete = () -> Unit
```

这里有读者就会有疑问了：协程最后执行完后会得到正常返回的结果或者异常结束的异常，为什么这里的回调没有提供这些值呢？

对于结果和异常，我们会通过其他更好的方式获取，因此这里的回调单纯通知协程执行完成即可。但对于协程内部，我们还是需要知道完成时的结果的，因此我们又单独定义了一个 doOnCompleted 函数来注册获取结果的回调，如代码清单 5-15 所示。

代码清单 5-15　完成回调的注册

```
override fun invokeOnCompletion(onComplete: OnComplete): Disposable {
  return doOnCompleted { _ -> onComplete() }
}

protected fun doOnCompleted(block: (Result<T>) -> Unit): Disposable {
  val disposable = CompletionHandlerDisposable(this, block)
  val newState = state.updateAndGet { prev ->
    when (prev) {
      is CoroutineState.Incomplete -> {
        CoroutineState.Incomplete().from(prev).with(disposable)
      }
      is CoroutineState.Cancelling -> {
        CoroutineState.Cancelling().from(prev).with(disposable)
      }
      is CoroutineState.Complete<*> -> prev
    }
  }
  (newState as? CoroutineState.Complete<T>)?.let {
    block(
        when {
          it.value != null -> Result.success(it.value)
          it.exception != null -> Result.failure(it.exception)
          else -> throw IllegalStateException("Won't happen.")
        }
    )
  }
  return disposable
}
```

这三个状态的流转示意如图 5-5 所示，其中需要注意的是，除 Complete 之外，其他两种状态的流转均构造了新的对象实例来确保并发安全。

注册回调的过程分为以下三步：

- ❑ 构造一个 CompletionHandlerDisposable 对象。它有一个 dispose 函数，调用时可以将对应的回调移除。
- ❑ 检查状态，并将回调添加到状态中。正如前面介绍状态时提到的，我们添加回调时不会直接在原状态对象上直接修改，而是创建了新的状态对象，避免了并发安全的问题。

- 在状态流转成功后，可以获得最终的状态，如果此时已经是已完成的状态，这表明新回调没有注册到状态中，因此需要立即调用该回调。

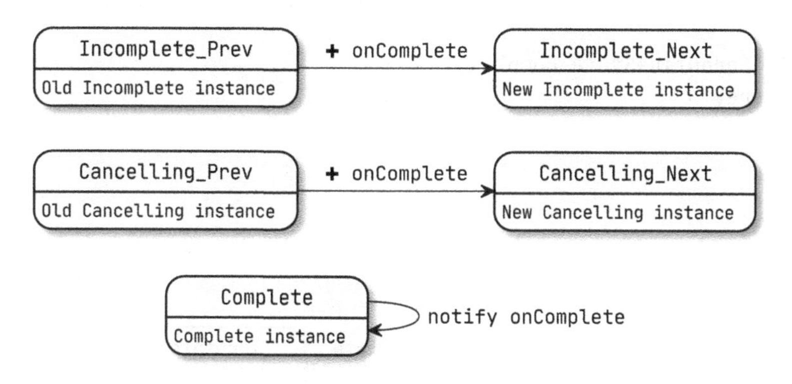

图 5-5　注册完成回调时的状态流转

请仔细留意 state.updateAndGet 的调用，它的参数即实现状态流转的函数，即便执行多次也不会对原状态造成任何修改，因此除在并发修改状态时可能会重复执行几次之外不会有其他影响。

如果需要移除注册的回调，只需要调用返回的 CompletionHandlerDisposable 对象的 dispose 函数即可。我们给出它的实现，见代码清单 5-16。

代码清单 5-16　完成回调的控制对象

```
class CompletionHandlerDisposable<T>(
  val job: Job,
  val onComplete: (Result<T>) -> Unit
): Disposable {
  override fun dispose() {
    job.remove(this)
  }
}
```

可以看出，关键点就在于 Job 的 remove 要如何实现，如代码清单 5-17 所示。

代码清单 5-17　Job 的 remove 实现

```
[AbstractCoroutine.kt]
...
override fun remove(disposable: Disposable) {
  state.updateAndGet { prev ->
    when (prev) {
```

```
        is CoroutineState.Incomplete -> {
          CoroutineState.Incomplete().from(prev).without(disposable)
        }
        is CoroutineState.Cancelling -> {
          CoroutineState.Cancelling().from(prev).without(disposable)
        }
        is CoroutineState.Complete<*> -> {
          prev
        }
      }
    }
  }
  ...
```

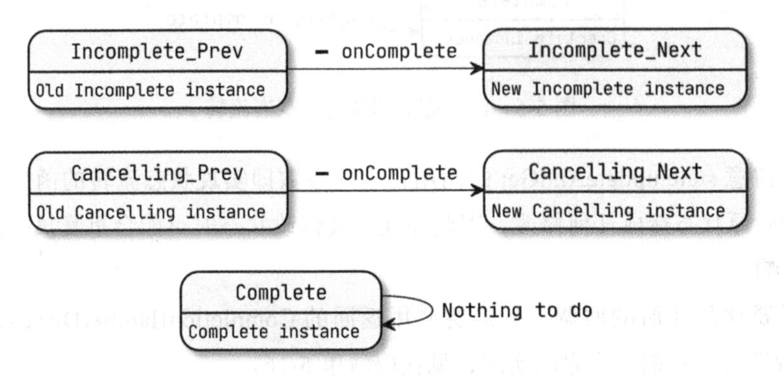

图 5-6　移除完成回调时的状态流转

如图 5-6 所示，这个实现正好与 doOnCompleted 相反。

接下来便是完成事件的通知了。我们既然要把 AbstractCoroutine 当作协程的 completion，那么 resumeWith 自然会在协程执行完成后调用，此时只需要将协程流转为完成状态，并通知此前注册的回调即可，如代码清单 5-18 所示。

代码清单 5-18　协程的完成状态流转

```
override fun resumeWith(result: Result<T>) {
  val newState = state.updateAndGet { prevState ->
    when(prevState){
      is CoroutineState.Cancelling,
      is CoroutineState.Incomplete -> {
        CoroutineState.Complete(result.getOrNull(),
          result.exceptionOrNull()).from(prevState)
      }
      is CoroutineState.Complete<*> -> {
        throw IllegalStateException("Already completed!")
```

```
        }
      }
    }

    newState.notifyCompletion(result)
    newState.clear()
  }
```

newState 一定为 Complete，否则此处会直接抛出非法异常，因此我们无须做类型判断，此时调用它的 notifyCompletion 通知回调即可，如代码清单 5-19 所示。

代码清单 5-19　通知协程完成的回调

```
[CoroutineState.kt]

fun <T> notifyCompletion(result: Result<T>) {
  this.disposableList.loopOn<CompletionHandlerDisposable<T>> {
    it.onComplete(result)
  }
}
```

说明　协程被取消后并不会立即停止执行，而是要等待内部的挂起点响应，因此这里从 Cancelling 流转到 Complete 是合理的。这一点我们将在 5.5 节详细介绍。

5.3.3　实现 join

join 是一个挂起函数，它需要等待协程的执行，此时会有两种情况：

- 被等待的协程已经完成，join 不会挂起而是立即返回。
- 被等待的协程尚未完成，join 立即挂起，直到协程完成。

由于我们已经支持了注册协程完成的回调，因此这本质上就是一个回调转协程的例子，如代码清单 5-20 所示。

代码清单 5-20　join 函数的实现

```
override suspend fun join() {
  when (state.get()) {
    is CoroutineState.Incomplete,
    is CoroutineState.Cancelling -> return joinSuspend()
    is CoroutineState.Complete<*> -> return
  }
}

private suspend fun joinSuspend() = suspendCoroutine<Unit> { continuation ->
```

```
    doOnCompleted { result ->
      continuation.resume(Unit)
    }
  }
```

join 的实现与 delay 如出一辙。

> 说明 实际上，join 等待协程执行时还有第 3 种情况。join 本身也是一个挂起函数，因此必须在其他协程中调用，如果它所在的协程（注意，并非被等待的协程）取消，那么 join 会立即抛出 CancellationException 来响应取消。这一点我们会在 5.5 节继续对 join 函数的实现进行完善。

5.3.4 有返回值的 async

现在我们已经知道如何启动协程并等待协程执行完成，不过很多时候我们更想拿到协程的返回值，因此我们基于 Job 再定义一个接口 Deferred，如代码清单 5-21 所示。

代码清单 5-21 Deferred 的定义

```
interface Deferred<T>: Job {
  suspend fun await(): T
}
```

这里多了一个泛型参数 T，T 表示返回值类型，通过它的 await 函数也可以拿到这个返回值。因此 await 的作用主要有：

- 在协程已经执行完成时，立即返回协程的结果；如果协程异常结束，则抛出该异常。
- 如果协程尚未完成，则挂起直到协程执行完成，这一点与 join 类似。

我们定义一个 DeferredCoroutine 类来实现这个接口，如代码清单 5-22 所示。

代码清单 5-22 DeferredCoroutine 的实现

```
class DeferredCoroutine<T>(context: CoroutineContext)
 : AbstractCoroutine<T>(context), Deferred<T> {

  override suspend fun await(): T {
    val currentState = state.get()
    return when (currentState) {
      is CoroutineState.Incomplete,
      is CoroutineState.Cancelling -> awaitSuspend()
      is CoroutineState.Complete<*> -> {
        currentState.exception?.let { throw it }
```

```
            ?: (currentState.value as T)
        }
      }
    }

    private suspend fun awaitSuspend() = suspendCoroutine<T> {
      continuation ->
      doOnCompleted { result ->
        continuation.resumeWith(result)
      }
    }
}
```

await 的实现与 join 思路一致，二者的差异主要在对结果的处理上。

接下来我们给出 async 函数的实现，如代码清单 5-23 所示。

代码清单 5-23　async 的实现

```
fun <T> async(
  context: CoroutineContext = EmptyCoroutineContext,
  block: suspend () -> T
): Deferred<T> {
  val completion = DeferredCoroutine<T>(context)
  block.startCoroutine(completion, completion)
  return completion
}
```

这样我们就可以启动有结果返回的协程了，首先定义一个挂起函数，其中设置 delay 1000ms 来模拟结果的延时返回：

```
suspend fun getValue(): String {
  delay(1000L)
  return "HelloWorld"
}
```

接下来我们使用 async 来启动协程并获取结果，如代码清单 5-24 所示。

代码清单 5-24　async/await 的应用

```
suspend fun main() {
  val deferred = async {
    getValue()
  }
  val result = deferred.await()
  println(result)
}
```

请注意区分上述代码与我们在 4.2.2 节给出的 async/await 函数的异同，二者虽然实现细节有差异，但本质上都是通过 async 启动协程，并通过 await 将回调转成挂起函数，来实现回调结果的获取。

至此我们又增加了两个具体的协程实现类，类图更新如图 5-7 所示。

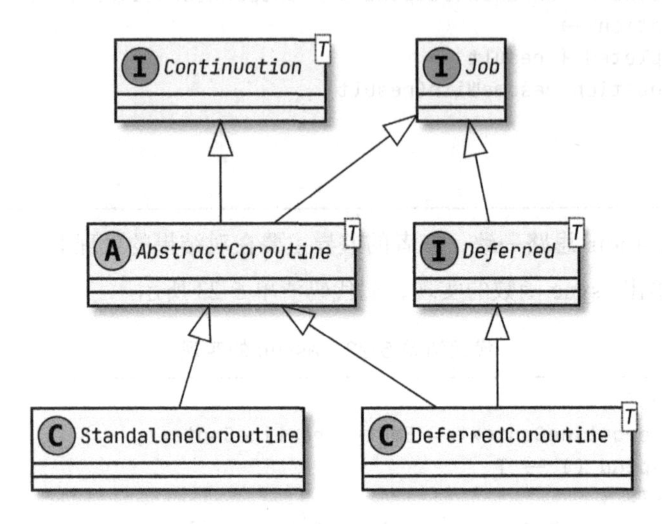

图 5-7 协程的实现类

5.4 协程的调度

截至目前，我们已经大致用程序勾勒出了一个比较完善的复合协程。不过还有一个问题没有解决，我们的协程是如何实现并发的呢？

5.4.1 协程的执行调度

在考虑协程的并发设计之前，我们先看看线程是怎么实现并发的。

Java 平台直接提供了线程的 API，也就是 Thread 这个类及其相关的接口函数，在常见的 Java 及 Android 虚拟机的实现中，Java 线程会直接映射为内核线程，而内核线程的调度执行就是操作系统的事了。操作系统在调度执行线程的时候也会对线程进行挂起和恢复，不过具体在哪儿挂起、什么时候恢复开发者无权决定，要根据 CPU 资源的情况来分配。分配算法通常就是按时间片划分，对资源进行抢占，也就是所谓的“抢占式调度”。

我们在前面介绍协程的概念时，一直在强调协程的挂起和恢复与线程的不同点在于在哪儿挂起、什么时候恢复是开发者自己决定的，这意味着调度工作不能交给操作系统，而应该在用户态（对应于操作系统的内核态）解决，也正是因为这一点，协程也经常被称作**用户态线程**。

5.4.2　协程的调度位置

协程需要调度的位置就是挂起点的位置。当协程执行到挂起点的位置时，如果产生异步行为，协程就会在这个挂起点挂起。这里的异步情况可能包括以下几种形式：

- 挂起点对应的挂起函数内部切换了线程，并在该线程内部调用 Continuation 的恢复调用来恢复，例如通过 OkHttp 异步请求网络的情况，回调实际上是执行在 OkHttp 的 IO 线程上。
- 挂起函数内部通过某种事件循环的机制将 Continuation 的恢复调用转到新的线程调用栈上执行，例如在 JavaScript 相关平台上可以通过 setTimeout 添加异步调用，在 Android 平台上也可以通过 Handler 的 post 函数来实现这样的操作。实际上这个过程中不一定发生线程切换。
- 挂起函数内部将 Continuation 实例保存，在后续某个时机再执行恢复调用，这个过程中不一定发生线程切换，但函数调用栈会发生变化，例如 4.1 节序列生成器的实现。

不管是何种形式，恢复和挂起不在同一个函数调用栈中执行就是挂起点挂起的充分条件，线程切换并不是必要条件。只有当挂起点真正挂起，我们才有机会实现调度，而实现调度需要使用**协程的拦截器**。

5.4.3　协程的调度器设计

我们在 3.4 节已经介绍过拦截器，其工作机制就是对原有的 Continuation 实例进行修改，进而实现协程的调度。调度的本质就是解决挂起点恢复之后的协程逻辑在哪里运行的问题，由此可以给出调度器的接口定义，如代码清单 5-25 所示。

代码清单 5-25　调度器的接口定义

```
interface Dispatcher {
  fun dispatch(block: () -> Unit)
}
```

接下来我们要将调度器和拦截器结合起来，拦截器是协程上下文元素的一类实现，我们给出基于调度器的拦截器实现的定义，如代码清单 5-26 所示。

代码清单 5-26 使用拦截器实现调度

```
open class DispatcherContext(private val dispatcher: Dispatcher)
  : AbstractCoroutineContextElement(ContinuationInterceptor),
  ContinuationInterceptor {
  override fun <T> interceptContinuation(continuation: Continuation<T>)
    : Continuation<T>
    = DispatchedContinuation(continuation, dispatcher)
}

private class DispatchedContinuation<T>(
  val delegate: Continuation<T>,
  val dispatcher: Dispatcher
) : Continuation<T>{
  override val context = delegate.context

  override fun resumeWith(result: Result<T>) {
    dispatcher.dispatch {
      delegate.resumeWith(result)
    }
  }
}
```

调度的具体过程其实就是在 delegate（也就是真正协程恢复时要执行的逻辑）的恢复调用之前，通过 dispatch 将其调度到指定的调度器上。

5.4.4 基于线程池的调度器

在 Java 平台上，我们最常见的调度方式就是切到某些线程上执行，官方协程框架的默认调度器就是这样实现的。这里给出一个基于线程池的简单调度器的实现，如代码清单 5-27 所示。

代码清单 5-27 基于线程池的调度器实现

```
object DefaultDispatcher: Dispatcher {
  private val threadGroup = ThreadGroup("DefaultDispatcher")
  private val threadIndex = AtomicInteger(0)

  private val executor = Executors.newFixedThreadPool(
    Runtime.getRuntime().availableProcessors() + 1
  ) { runnable ->
    Thread(threadGroup, runnable,
      "${threadGroup.name}-worker-${threadIndex.getAndIncrement()}"
    ).apply { isDaemon = true }
  }
```

```
  override fun dispatch(block: () → Unit) {
    executor.submit(block)
  }
}
```

我们首先创建了一个固定线程数的线程池，线程数设置为 CPU 核数 +1。线程数的取值跟线程池的使用目的有关，此处默认的调度器实现的目的是服务于 CPU 密集型程序的，这一点与官方框架中的默认调度器的作用相同，CPU 密集型的程序只涉及 CPU 运算，因此线程数不宜过多。

其次，我们通过设置 ThreadFactory 来控制线程的创建，创建出来的线程确保是**幽灵线程**（Daemon Thread，也叫作**守护线程**）。如果 Java 虚拟机中只剩幽灵线程，虚拟机会直接退出，我们这样设置的目的是希望调度器在后台空载的时候不要阻碍虚拟机的退出。

为了方便使用，我们用 Dispatchers 对象来持有默认调度器的实例，如代码清单 5-28 所示。

代码清单 5-28　默认调度器

```
object Dispatchers {
  val Default by lazy {
    DispatcherContext(DefaultDispatcher)
  }
}
```

有了这个调度器，就可以改造我们的协程的例子，为它们添加调度能力了，如代码清单 5-29 所示。

代码清单 5-29　使用默认调度器

```
launch(Dispatchers.Default) {
  println(1)
  delay(1000)
  println(2)
}
```

添加调度器之后，我们就会发现，println(1) 和 println(2) 都将运行在 Default 调度器对应线程上。

说明　如果不设置调度器，那么 println(1) 将运行在启动协程时所在的线程上，也就是 launch 调用所在的线程，而 println(2) 则运行在 delay 函数内部挂起 1000ms 后恢复执行时所在的线程。读者可以思考一下导致这种结果的原因。

5.4.5 基于 UI 事件循环的调度器

Android 或者桌面的 UI 开发者应该比较关心如何将协程调度到**主线程**（UI 线程）上。从我们的调度器的接口声明来看，这一点似乎并不难实现，我们先以 Android 为例，如代码清单 5-30 所示。

代码清单 5-30 Android 调度器

```
object AndroidDispatcher: Dispatcher {
  private val handler = Handler(Looper.getMainLooper())

  override fun dispatch(block: () -> Unit) {
    handler.post(block)
  }
}
```

我们只需要创建一个 Handler 就可以将一段程序切到主线程上执行，那么调度器基于 Handler 来实现即可。

如果大家对 Swing 比较了解，我们同样可以给出 Swing 的 UI 调度器，如代码清单 5-31 所示。

代码清单 5-31 Swing 调度器

```
object SwingDispatcher: Dispatcher {

  override fun dispatch(block: () -> Unit) {
    SwingUtilities.invokeLater(block)
  }

}
```

我们也可以把它们添加到 Dispatchers 中，如代码清单 5-32 所示。

代码清单 5-32 统一管理预置的调度器

```
object Dispatchers {

  val Android by lazy {
    DispatcherContext(AndroidDispatcher)
  }

  val Swing by lazy {
    DispatcherContext(SwingDispatcher)
  }
  ...
}
```

如果我们在 Android 上运行代码清单 5-33，那么 println(1) 和 println(2) 就会被调度到主线程上。

代码清单 5-33　使用 Android 调度器

```
launch(Dispatchers.Android) {
  println(1)
  delay(1000)
  println(2)
}
```

说明　在官方的协程框架中，UI 调度器可以通过 Dispatchers.Main 来获取，官方框架会在当前平台引入的 UI 组件中将它初始化为对应的 UI 调度器（参见 6.1.3 节）。

5.4.6　为协程添加默认调度器

目前，协程创建时默认不会添加任何调度器，接下来我们为协程配置默认调度器，如代码清单 5-34 所示。

代码清单 5-34　协程创建时统一指定默认调度器

```
fun newCoroutineContext(context: CoroutineContext): CoroutineContext {
  val combined = context +
    CoroutineName("@coroutine#${coroutineIndex.getAndIncrement()}")
  return if (combined !== Dispatchers.Default &&
      combined[ContinuationInterceptor] == null) {
        combined + Dispatchers.Default
      } else combined
}
```

如果调用者在创建协程时没有在协程上下文中主动配置调度器或者拦截器，就添加一个默认调度器到协程上下文中。接下来再在 launch 和 async 中稍作修改，以 launch 为例：

```
val completion = StandaloneCoroutine(newCoroutineContext(context))
```

另外，我们也为协程添加了一个名称，这样可以方便后续的调试。它的定义非常简单，如代码清单 5-35 所示。

代码清单 5-35　协程名的实现

```
class CoroutineName(val name: String): CoroutineContext.Element {
  companion object Key: CoroutineContext.Key<CoroutineName>

  override val key = Key
```

```
  override fun toString(): String {
    return name
  }
}
```

每次创建协程时，coroutineIndex 都会加 1，因此后续我们可以轻易分辨出不同的协程。

5.5 协程的取消

我们在第 1 章就探讨了异步程序设计的关键问题，包括取消响应和异常处理。这一节我们来设计一下协程的取消响应。

协程的取消本质上也是协作式的取消，这一点与线程的中断别无二致，即自身状态需要置为取消，同时也需要协程体的执行逻辑能够检查状态的变化来响应取消。

5.5.1 完善协程的取消逻辑

截至目前，我们的 Job 中仍然有两个函数没有实现，分别是 cancel 和 invokeOnCancel。后者的实现与 doOnCompleted 类似，如代码清单 5-36 所示。

代码清单 5-36 支持取消回调的注册

```
override fun invokeOnCancel(onCancel: OnCancel): Disposable {
  val disposable = CancellationHandlerDisposable(this, onCancel)
  val newState = state.updateAndGet { prev →
    when (prev) {
      is CoroutineState.Incomplete → {
        CoroutineState.Incomplete().from(prev).with(disposable)
      }
      is CoroutineState.Cancelling,
      is CoroutineState.Complete<*> → {
        prev
      }
    }
  }
  (newState as? CoroutineState.Cancelling)?.let {
    onCancel()
  }
  return disposable
}
```

注册 OnCancel 回调首先创建 CancellationHandlerDisposable，它主要用于移除回调，接下来通过复制状态来注册新回调，如果 newState 是 Cancelling，表明该协程已经被取消，回调直接触发。

CancellationHandlerDisposable 的实现也很简单，如代码清单 5-37 所示。

代码清单 5-37　取消回调的控制对象

```
class CancellationHandlerDisposable(
  val job: Job, val onCancel: OnCancel
): Disposable {
  override fun dispose() {
    job.remove(this)
  }
}
```

再来看下 cancel 函数的实现，如代码清单 5-38 所示。

代码清单 5-38　cancel 函数的实现

```
override fun cancel() {
  val prevState = state.getAndUpdate { prev ->
    when (prev) {
      is CoroutineState.Incomplete -> {
        CoroutineState.Cancelling()
      }
      is CoroutineState.Cancelling,
      is CoroutineState.Complete<*> -> prev
    }
  }

  if(prevState is CoroutineState.Incomplete){
    prevState.notifyCancellation()
    prevState.clear()
  }
  parentCancelDisposable?.dispose()
}
```

调用 cancel 将状态从 Incomplete 流转为 Cancelling，如果线程状态不是 Incomplete，则状态不会发生任何变化，这也表明重复调用 cancel 没有任何副作用。

注意，我们在这里调用了 state.getAndUpdate 来流转状态，返回值实际上是旧状态，旧状态如果是 Incomplete，那么这次调用一定是发生了状态流转的情况，调用 notifyCancellation 来通知取消事件，如代码清单 5-39 所示。

代码清单 5-39　通知协程取消的回调

```
fun notifyCancellation() {
  disposableList.loopOn<CancellationHandlerDisposable> {
    it.onCancel()
  }
}
```

这里为什么不选择调用 state.updateAndGet 来获取新状态呢？我们来演示一下，注意下面的写法是存在并发安全问题的，如代码清单 5-40 所示。

代码清单 5-40 cancel 函数的错误实现

```
override fun cancel() {
  val newState = state.updateAndGet { prev ->
    ... // 与正确的实现一致
  }

  if(newState is CoroutineState.Cancelling){
    // 旧状态可能是 Incomplete 或 Cancelling
    // 只有从 Incomplete 流转为 Cancelling 时才应该执行
    newState.notifyCancellation()
  }
}
```

我们允许重复调用 cancel，在协程第一次调用 cancel 之后到结束之前，每次调用 cancel 得到的 newState 都是 Cancelling，存在歧义，这样会导致后面的 if 语句一定为 true，存在多次通知回调的风险。就算我们在第一次调用 cancel 通知事件后把回调都清空，由于可能存在对 cancel 的并发调用，所以还是会存在对 Cancelling 这个状态的并发访问，我们就很难保证通知回调和清空回调的原子性。

5.5.2 支持取消的挂起函数

如果我们想要定义一个挂起函数，一定离不开 suspendCoroutine 函数。我们通常的挂起函数实现的结果如代码清单 5-41 所示。

代码清单 5-41 不支持取消的挂起函数

```
suspend fun nonCancellableFunction() = suspendCoroutine<Int> {
  continuation ->
  val completableFuture = CompletableFuture.supplyAsync { ... }

  completableFuture.thenApply {
    continuation.resume(it)
  }.exceptionally {
    continuation.resumeWithException(it)
  }
}
```

这种情况下，就算所在的协程被取消，我们也没有办法取消内部的异步任务 CompletableFuture。

为了支持取消，我们需要 Continuation 提供一个取消状态和回调，并在检测到当前协程取消的事件时回调给 CompletableFuture，如代码清单 5-42 所示。

代码清单 5-42 支持取消的挂起函数

```
suspend fun cancellableFunction() = suspendCancellableCoroutine<Int> {
  continuation ->
  val completableFuture = CompletableFuture.supplyAsync { ... }

  continuation.invokeOnCancellation {
    completableFuture.cancel(true)
  }
  ...
}
```

一旦这里的 Continuation 实例所对应的协程被取消，通过 invokeOnCancellation 注册给 Continuation 实例的回调就会被调用，进而取消掉 completableFuture 实例。

那么这里的 suspendCancellableCoroutine 函数要怎么实现呢？我们可以参考下 suspendCoroutine 的实现，如代码清单 5-43 所示。

代码清单 5-43 标准库中 suspendCoroutine 函数的实现

```
public suspend inline fun <T> suspendCoroutine(
  crossinline block: (Continuation<T>) -> Unit
): T = suspendCoroutineUninterceptedOrReturn { c: Continuation<T> ->
    val safe = SafeContinuation(c.intercepted())
    block(safe)
    safe.getOrThrow()
  }
```

这个函数也暴露了挂起点的执行的本质。suspendCoroutineUninterceptedOrReturn 的参数是一个函数，而这个函数有一个参数是 Continuation，实际上就是 3.1.2 节中提到的协程体编译后生成的匿名内部类的实例。

而 c.intercepted() 返回的对象顾名思义，就是被拦截器拦截过之后的 Continuation 对象。SafeContinuation 的作用就是确保传入的 Continuation 对象的恢复调用只被调用一次。如果在 block(safe) 执行的过程中就直接调用了 Continuation 的恢复调用，那么 safe.getOrThrow() 执行时就会获取到结果，这样就不会真正挂起了。所谓的挂起点一定要切换函数调用栈实现异步才会真正挂起，这其实就是由 SafeContinuation 来保证的。

言归正传，我们继续实现 CancellableContinuation 来支持协程的取消。首先定义 suspendCancellableCoroutine 函数，如代码清单 5-44 所示。

代码清单 5-44 suspendCancellableCoroutine 函数的实现

```
suspend inline fun <T> suspendCancellableCoroutine(
    crossinline block: (CancellableContinuation<T>) → Unit
): T = suspendCoroutineUninterceptedOrReturn { continuation →
  val cancellable = CancellableContinuation(continuation.intercepted())
  block(cancellable)
  cancellable.getResult()
}
```

我们用 CancellableContinuation 替换掉了 SafeContinuation，这表明它其实就是一个支持取消响应的 SafeContinuation。

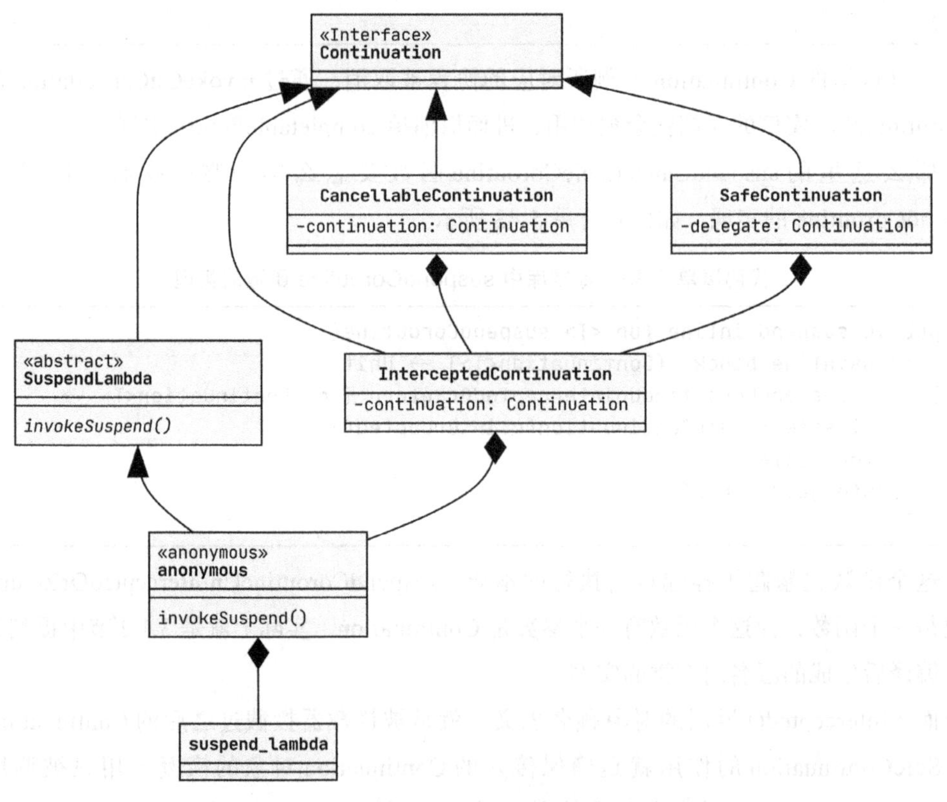

图 5-8 协程体的实现关系（含取消支持）

这样我们的协程体实现关系图可以进一步完善（如图 5-8 所示）：InterceptedContinuation 表示拦截器返回的实例；新增 CancellableContinuation 用于支持协程的取消，与 SafeContinuation 形成对照。

5.5.3 CancellableContinuation 的实现

接下来我们给出 CancellableContinuation 的实现，它需要具备以下能力：

- 支持通过 invokeOnCancellation 注册回调。
- 支持监听对应协程的取消状态。
- SafeContinuation 的功能。

这么说来，CancellableContinuation 一定是有状态的，定义如代码清单 5-45 所示。

代码清单 5-45　CancellableContinuation 的状态

```
sealed class CancelState {
  object Incomplete : CancelState()
  class CancelHandler(val onCancel: OnCancel): CancelState()
  class Complete<T>(val value: T? = null,
    val exception: Throwable? = null) : CancelState()
  object Cancelled : CancelState()
}
enum class CancelDecision {
  UNDECIDED, SUSPENDED, RESUMED
}
```

这个状态的定义其实与协程的状态是一致的，不同之处在于 CancellableContinuation 的取消回调只允许注册一个，因此这里不需要像协程状态一样用递归列表来存储回调，只需要一个 CancelHandler 来存储即可。不难想到，CancelHandler 本质上就是携带了一个回调的 Incomplete 状态。另外，我们还定义了一个 CancelDecision 枚举用来标记对应的挂起函数是否同步返回。

CancellableContinuation 需要包装一个 Continuation，这实际上是一个静态代理的实现，我们只需要代理 resumeWith 函数即可。运用接口代理可以省掉对 context 的代理，如代码清单 5-46 所示。

代码清单 5-46　CancellableContinuation 的定义

```
class CancellableContinuation<T>(private val continuation: Continuation<T>)
 : Continuation<T> by continuation {

  private val state = AtomicReference<CancelState>(CancelState.Incomplete)
  private val decision = AtomicReference(CancelDecision.UNDECIDED)
  val isCompleted: Boolean
    get() = when(state.get()){
      CancelState.Incomplete,
      is CancelState.CancelHandler -> false
      is CancelState.Complete<*>,
```

```
      CancelState.Cancelled -> true
    }
  ...
}
```

我们先看invokeOnCancellation的实现，如果当前是Incomplete状态，就可以注册回调；如果是Cancelled状态就直接调用回调。注意，回调只能注册一个，如代码清单5-47所示。

代码清单 5-47　支持注册取消回调

```
fun invokeOnCancellation(onCancel: OnCancel) {
  val newState = state.updateAndGet { prev ->
    when(prev){
      CancelState.Incomplete -> CancelState.CancelHandler(onCancel)
      is CancelState.CancelHandler ->
        throw IllegalStateException("Prohibited.")
      is CancelState.Complete<*>,
      CancelState.Cancelled -> prev
    }
  }
  if(newState is CancelState.Cancelled){
    onCancel()
  }
}
```

接下来我们尝试去监听对应协程的取消事件，如代码清单5-48所示。

代码清单 5-48　向对应的协程中注册取消回调

```
private fun installCancelHandler() {
  if (isCompleted) return
  val parent = continuation.context[Job] ?: return
  parent.invokeOnCancel {
    doCancel()
  }
}
```

获取对应协程的方式我们在介绍Job的时候介绍过，直接通过协程上下文来获取即可。取消时执行的doCancel函数内部会完成状态的流转，具体代码实现如代码清单5-49所示。

代码清单 5-49　协程取消时调用的 doCancel 函数的实现

```
private fun doCancel() {
  val prevState = state.getAndUpdate { prev ->
    when (prev) {
      is CancelState.CancelHandler,
      CancelState.Incomplete -> {
```

```
          CancelState.Cancelled
        }
        CancelState.Cancelled,
        is CancelState.Complete<*> -> {
          prev
        }
      }
    }
    if(prevState is CancelState.CancelHandler){
      prevState.onCancel()
      resumeWith Exception (Cancellation Exception("Cancelled."))
    }
  }
```

对于两种未完成的状态，流转为 Cancelled，同时如果流转前有回调注册，那就调用回调通知取消事件。

由于挂起点真正挂起时注册回调才有意义，因此不需要急于调用 installCancelHandler，而且将其放到 getResult 中，如代码清单 5-50 所示。

代码清单 5-50　getResult 函数的实现

```
fun getResult(): Any? {
  installCancelHandler()
  if(decision.compareAndSet(UNDECIDED, SUSPENDED))
    return COROUTINE_SUSPENDED
  return when (val currentState = state.get()) {
    is CancelState.CancelHandler,
    CancelState.Incomplete -> COROUTINE_SUSPENDED
    CancelState.Cancelled ->
      throw CancellationException("Continuation is cancelled.")
    is CancelState.Complete<*> -> {
      (currentState as CancelState.Complete<T>).let {
        it.exception?.let { throw it } ?: it.value
      }
    }
  }
}
```

这个函数首先注册了协程的取消回调，接着根据当前的挂起函数执行状态给出结果，如果 decision 为 UNDECIDED，则表示此结果尚未就绪，返回挂起标志位 COROUTINE_SUSPENDED；否则 decision 只能为 RESUMED，即挂起函数没有真正挂起，并且结果已经可以获取，那就在 Complete 分支返回，如果未完成，则返回挂起标志位 COROUTINE_SUSPENDED。

最后是 resumeWith，它的执行表示挂起函数恢复执行，重复执行则会抛出异常，这一点与 SafeContinuation 一致。此时如果 decision 为 UNDECIDED，表明挂起函数不会真正挂起，后续通过 getResult 来同步返回结果，否则 decision 只能为 SUSPENDED，即挂起函数已挂起，需要在此处将结果异步返回，如代码清单 5-51 所示。

代码清单 5-51 完成时的状态流转

```
override fun resumeWith(result: Result<T>) {

  when {
    decision.compareAndSet(UNDECIDED, RESUMED) -> {
      state.set(CancelState.Complete(result.getOrNull(),
        result.exceptionOrNull()))
    }
    decision.compareAndSet(SUSPENDED, RESUMED) -> {
      state.updateAndGet { prev ->
        when (prev) {
          is CancelState.Complete<*> -> {
            throw IllegalStateException("Already completed.")
          }
          else -> {
            CancelState.Complete(result.getOrNull(),
              result.exceptionOrNull())
          }
        }
      }
      continuation.resumeWith(result)
    }
  }
}
```

完整的状态转移如图 5-9 所示。

至此，我们完成了挂起函数响应协程的取消状态所需要的基础设施。

5.5.4 改造挂起函数

在引入取消响应的概念之前，所有的挂起函数都不支持挂起，接下来我们对它们做些改造来让它们的能力更完善。

1. 改造 delay

delay 函数的作用是延迟一段时间再恢复执行，如果这期间所在协程被取消，那么 delay 函数应当响应这个状态而不去恢复执行后面的逻辑。要做到这一点，我们只需要稍加修改，见代码清单 5-52。

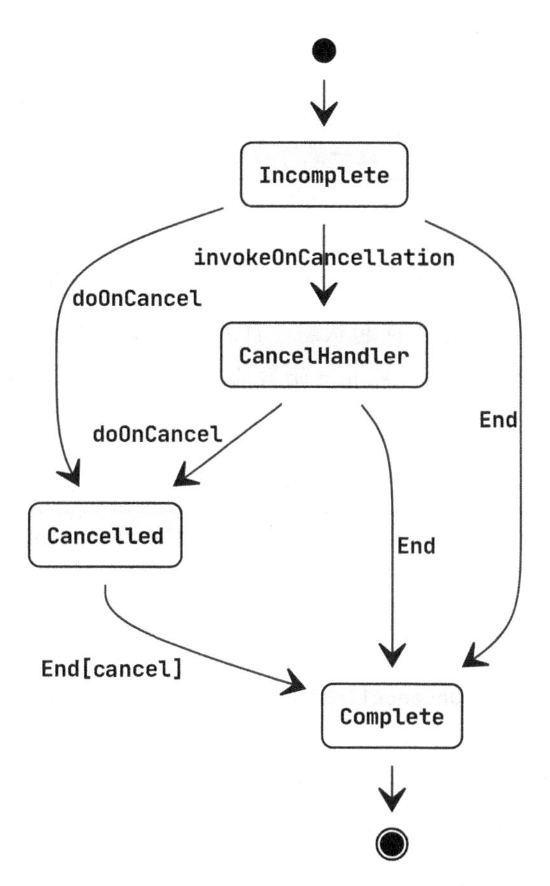

图 5-9　CancellableContinuation 的状态转移

代码清单 5-52　支持取消的 delay 函数的实现

```
suspend fun delay(time: Long, unit: TimeUnit = TimeUnit.MILLISECONDS) {
  if(time <= 0){
    return
  }

  suspendCancellableCoroutine<Unit> { continuation ->
    val future = executor.schedule({ continuation.resume(Unit) }, time, unit)
    continuation.invokeOnCancellation { future.cancel(true) }
  }
}
```

将 suspendCoroutine 改成 suspendCancellableCoroutine，并且注册回调，在回调触发时也就是所在协程取消时取消这个 future 即可。

注意 当 time 不大于 0 时，delay 函数直接返回，这种情况下不能响应取消，我们与官方协程框架的设计保持了一致。当然，我们也可以在此处单独检查下所在协程是否已经取消来响应取消状态，这一点可以参考 join 函数在 Complete 分支的做法。

2. 改造 join

join 函数也是一个挂起函数，如果它的 Receiver 对应的协程（注意不是它调用时所在的协程）尚未完成，那就进入挂起状态，直到这个协程执行完再恢复执行。这期间如果 join 函数所在的协程被取消，那 join 函数应当也要响应这个事件，所以我们首先对 joinSuspend 稍加修改，见代码清单 5-53。

代码清单 5-53 支持取消的 join 函数的实现

```
private suspend fun joinSuspend() = suspendCancellableCoroutine<Unit> {
  continuation ->
  val disposable = doOnCompleted { result ->
    continuation.resume(Unit)
  }
  continuation.invokeOnCancellation { disposable.dispose() }
}
```

在 join 函数挂起后，所在协程被取消则移除了它注册在 join 函数对应的协程处的回调，因而不会在它所在的协程中恢复执行。

除了挂起的情况以外，如果 join 函数的 Receiver 对应的协程已经完成，那么正常的逻辑就是直接返回，不过此处我们可以主动检查一下所在协程的状态，如果已经取消，则抛出取消异常予以响应，如代码清单 5-54 所示。

代码清单 5-54 join 函数检查并响应所在协程的取消状态

```
override suspend fun join() {
  when (state.get()) {
    ...
    is CoroutineState.Complete<*> -> {
      val currentCallingJobState = coroutineContext[Job]
        ?.isActive ?: return
      if(!currentCallingJobState){
        throw CancellationException("Coroutine is cancelled.")
      }
      return
    }
  }
}
```

这里直接使用全局属性 coroutineContext 来获取当前协程的上下文，进而获取到对应的 Job 实例。我们在 3.3.3 节介绍协程上下文时曾经提到过 coroutineContext，在任何挂起函数中都可以直接使用它来获取所在协程的上下文。

至此，join 函数也改造完成，大家可以尝试自行改造下 await。

注意　join 函数响应取消时，仅仅是移除了它注册在它对应协程中的完成回调，而不是取消了它的 Receiver 对应的协程，因为它对应的协程和所在的协程之间是否存在关系尚不确定，不能因为所在协程取消就直接取消 join 函数对应的协程。协程之间的关系将在 5.7 节阐述。

---

3. 挂起函数实现规则

挂起函数的背后通常就是一个异步操作，这个操作通常都很耗时，因此挂起函数的实现应当仔细考虑是否支持对取消状态的响应。

如果需要响应取消状态，需要做到以下两点：

- 真正发生挂起时，使用 suspendCancellableCoroutine 来获取 CancellableContinuation 的实例，通过 invokeOnCancellation 来注册回调监听所在协程的取消事件。
- 未发生挂起时，可以直接通过挂起属性 coroutineContext 来获取所在协程的 Job 实例，进而检查所在协程的状态，如果已经取消，则直接抛出取消异常来响应取消。

5.6　协程的异常处理

异常处理是异步程序的另一个需要解决的关键问题。

协程体内无论是挂起函数还是普通函数抛出的异常，都可以通过 try...catch 语句来捕获，但如果出现了未捕获的异常会怎样呢？我们一直说协程执行结果包括正常返回和异常结束，不过目前来看，即便协程抛出了未捕获的异常，我们也没有办法获取到，这是为什么呢？我们来回顾下 AbstractCoroutine 中 resumeWith 的实现，见代码清单 5-55。

代码清单 5-55　未处理未捕获异常的 resumeWith 函数的实现

```
override fun resumeWith(result: Result<T>) {
  val newState = state.updateAndGet { prevState ->
    when(prevState){
      is CoroutineState.Cancelling,
      is CoroutineState.Incomplete -> {
        CoroutineState.Complete(result.getOrNull(),
          result.exceptionOrNull()).from(prevState)
```

```
            }
            is CoroutineState.Complete<*> → {
                throw IllegalStateException("Already completed!")
            }
        }
    }
    newState.notifyCompletion(result)
    newState.clear()
}
```

按照目前的实现，如果遇到了未捕获的异常，我们只是将 result 携带的异常存到最后的完成状态中，对异常没有任何后续操作。

5.6.1　定义异常处理器

为了获得协程内部的未捕获异常，我们需要定义一个异常处理器，它的接口如下，代码清单 5-56 所示。

代码清单 5-56　异常处理器的定义

```
interface CoroutineExceptionHandler : CoroutineContext.Element {
  companion object Key : CoroutineContext.Key<CoroutineExceptionHandler>
  fun handleException(context: CoroutineContext, exception: Throwable)
}
```

异常处理器实现了协程上下文元素的接口，因此可以通过协程上下文来对其进行配置。为了方便它的创建，我们定义一个同名函数来模拟 Lambda 表达式对 Kotlin 单一方法接口（SAM）的转换，如代码清单 5-57 所示。

代码清单 5-57　简化异常处理器的创建

```
inline fun CoroutineExceptionHandler(
  crossinline handler: (CoroutineContext, Throwable) → Unit
): CoroutineExceptionHandler =
  object : AbstractCoroutineContextElement(CoroutineExceptionHandler),
    CoroutineExceptionHandler {
    override fun handleException(context: CoroutineContext,
      exception: Throwable) = handler.invoke(context, exception)
  }
```

Kotlin 将在 1.4 中支持 fun interface，到那时我们将无须再单独定义这样的函数。

5.6.2　处理协程的未捕获异常

要处理协程的未捕获异常，我们需要在 AbstractCoroutine 中定义一个子类可见的函数。子类根据自身需要覆写它并实现自己的异常处理逻辑，返回值为 true 表示异常已处理：

```
protected open fun handleJobException(e: Throwable) = false
```

AbstractCoroutine 的子类目前只有以下两个。

- StandaloneCoroutine：由 launch 启动，协程本身无返回结果。我们期望它能够遇到未捕获的异常时，调用自身的异常处理器进行处理，如果没有异常处理器，则将异常抛给 completion 调用时所在线程的 uncaughtExceptionHandler 来处理。
- DeferredCoroutine：由 async 启动，协程存在返回结果。既然存在返回结果，调用者总是会通过 await 来获取它的结果，因此我们期望它不要主动抛出未捕获的异常，而是在 await 调用时再抛出。

对于前者，我们只需要覆写 handleJobException 即可，如代码清单 5-58 所示。

代码清单 5-58　StandaloneCoroutine 的异常处理实现

```
override fun handleJobException(e: Throwable): Boolean {
  super.handleJobException(e)
  context[CoroutineExceptionHandler]?.handleException(context, e)
    ?: Thread.currentThread().let {
      it.uncaughtExceptionHandler.uncaughtException(it, e)
    }
  return true
}
```

对于后者，我们已经支持了在遇到未捕获的异常时 await 会直接将其抛出的功能，因此无须再做其他实现。

> 说明　在官方协程框架中还有一个全局异常处理器的概念，它无须针对特定协程进行配置，在协程异常处理时如果发现自身没有异常处理器，会在调用全局异常处理器的同时将异常传递给 completion 调用时所在线程的 uncaughtExceptionHandler，参见 6.1.4 节。

5.6.3　区别对待取消异常

在协程取消时，挂起函数通过抛出取消异常来实现对取消状态的响应，这一点类似于线程的中断异常，因此未捕获异常中不应包含取消异常。在传递异常的过程中，我们再定义一个 tryHandleException 函数来做异常处理分发，如代码清单 5-59 所示。

代码清单 5-59　异常处理过程中忽略取消异常

```
private fun tryHandleException(e: Throwable): Boolean{
  return when(e){
    is CancellationException -> {
      false
    }
    else -> {
      handleJobException(e)
    }
  }
}
```

接下来我们只需要在 resumeWith 中直接调用它即可，见代码清单 5-60。

代码清单 5-60　在 resumeWith 中添加异常处理逻辑

```
override fun resumeWith(result: Result<T>) {
  ...
  (newState as CoroutineState.Complete<T>)
    .exception
    ?.let(this::tryHandleException)
}
```

异常的处理流程如图 5-10 所示。

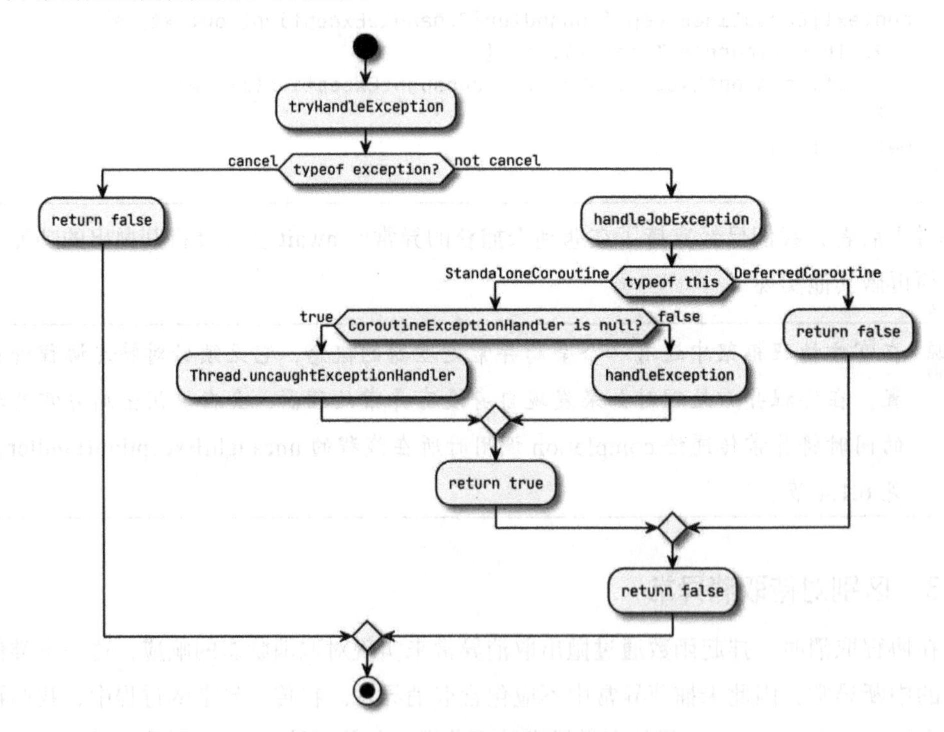

图 5-10　异常处理流程

5.6.4 异常处理器的运用

异常处理器既然是协程上下文元素的一种实现，因此只需要将其添加到协程上下文中即可，如代码清单 5-61 所示。

代码清单 5-61 为协程添加异常处理器

```
val exceptionHandler = CoroutineExceptionHandler {
  coroutineContext, throwable ->
  println("[ExceptionHandler] ${throwable.message}")
}

launch(exceptionHandler) {
  println(1)
  throw ArithmeticException("Div by 0")
  println(2)
}.join()
```

协程在 println(2) 调用前抛出异常，如果没有配置异常处理器，协程会将异常交给它的 completion 回调时所在线程的 uncaughtExceptionHandler 进行异常处理。而在本例中，我们配置了异常处理器，因此输出结果如下：

```
1
[ExceptionHandler] Div by 0
```

5.7 协程的作用域

前面我们在为 join 函数添加取消响应支持的时候提到，join 函数所在的协程取消时不应该对 join 函数对应的协程造成任何影响，因为此时这两个协程究竟是什么关系我们并没有给出，也没有定义协程之间应当存在怎样的关系以及在不同的关系下取消传递的方式又是怎样的。这一节我们就来解决这个问题。

5.7.1 作用域的概念

通常我们提到域，都是用来描述范围的，域既有约束作用又有额外能力提供。生活中这样的例子很多，例如公司电脑入域之后就可以访问公司内网，相应的也会受到公司 IT 部门的监控。在前面我们曾经讲到序列生成器以及非对称协程 API 的实现，其中提到过 GeneratorScope 和 CoroutineScope，这就是作用域的运用。

官方框架在实现复合协程的过程中也提供了作用域，主要用以明确协程之间的父子关系，以及对于取消或者异常处理等方面的传播行为。该作用域包括以下三种。

- 顶级作用域：没有父协程的协程所在的作用域为顶级作用域。
- 协同作用域：协程中启动新的协程，新协程为所在协程的子协程，这种情况下子协程所在的作用域默认为协同作用域。此时子协程抛出的未捕获异常都将传递给父协程处理，父协程同时也会被取消。
- 主从作用域：与协同作用域在协程的父子关系上一致，区别在于处于该作用域下的协程出现未捕获的异常时不会将异常向上传递给父协程。

除了这三种作用域中提到的行为以外，父子协程之间还存在以下规则：

- 父协程被取消，则所有子协程均被取消。由于协同作用域和主从作用域中都存在父子协程关系，因此这条规则都适用。
- 父协程需要等待子协程执行完毕之后才会最终进入完成状态，不管父协程自身的协程体是否已经执行完。
- 子协程会继承父协程的协程上下文中的元素，如果自身有相同 key 的成员，则覆盖对应的 key，覆盖的效果仅限自身范围内有效。

5.7.2 作用域的声明

作用域的作用一方面是约束协程的相关函数不能随意调用，另一方面又要为协程提供一些额外的能力。下面给出了一个协程作用域的通用接口，如代码清单 5-62 所示。

代码清单 5-62 协程作用域的接口定义

```
interface CoroutineScope {
  val scopeContext: CoroutineContext
}
```

> 说明 官方协程框架中，作用域的上下文命名为 coroutineContext，我们这里将其改为 scopeContext，这么做主要是为了避免与全局属性 coroutineContext 冲突，同时也让这个属性的名字更明确地反映出是来自作用域的。

从约束的角度来讲，既然有了作用域，我们就不能任意直接地使用 launch 和 async 来创建协程了；而从对协程本身提供能力的角度而言，就需要像在之前生成器等 API 的实现中的做法一样，给作为协程体传入的函数添加一个 Receiver。因此我们重新定义一下 launch 函数，如代码清单 5-63 所示。

代码清单 5-63 为协程的构造器添加作用域

```
fun CoroutineScope.launch(
  context: CoroutineContext = EmptyCoroutineContext,
```

```
  block: suspend CoroutineScope.() -> Unit
): Job {
  ...
}

fun CoroutineScope.newCoroutineContext(context: CoroutineContext)
  : CoroutineContext {
  val combined = scopeContext + context + ...
  ...
}
```

除了注意添加的 Receiver 以外，我们也需要注意下在 newCoroutineContext 中我们将 scopeContext 也一并添加到用于启动协程的上下文中了，这样即将创建的协程就可以获取到作用域的上下文了。

另外，既然我们为协程体添加了 Receiver，那么这个 Receiver 的角色由谁来扮演呢？作为 completion 出现的 AbstractCoroutine 的实例最为合适，因此我们也为它加上作用域的接口实现，如代码清单 5-64 所示。

代码清单 5-64　协程的实现类同时实现作用域接口

```
abstract class AbstractCoroutine<T>( ... ) : ..., CoroutineScope {
  ...

  override val scopeContext: CoroutineContext
    get() = context


  ...
}
```

其中 scopeContext 的值与原有的属性 context 保持一致，这样我们在协程体内就可以非常便捷地通过 scopeContext 来访问自己的上下文了。

这样 launch 函数的最终实现为，如代码清单 5-65 所示。

代码清单 5-65　launch 函数的最终实现

```
fun CoroutineScope.launch(
  context: CoroutineContext = EmptyCoroutineContext,
  block: suspend CoroutineScope.() -> Unit
): Job {
  val completion = StandaloneCoroutine(newCoroutineContext(context))
  block.startCoroutine(completion, completion)
  return completion
}
```

async 的实现类似，请读者自行尝试。

5.7.3 建立父子关系

父协程取消之后，子协程也需要取消，为了实现这个功能，我们对 AbstractCoroutine 稍作修改，如代码清单 5-66 所示。

代码清单 5-66 为协程添加父子关系

```
abstract class AbstractCoroutine<T>( ... ) : ... {
  ...

  protected val parentJob = context[Job]

  private var parentCancelDisposable: Disposable? = null

  init {
    ...
    parentCancelDisposable = parentJob?.invokeOnCancel {
      cancel()
    }
  }
  ...
}
```

我们通过协程启动时传入的上下文实例来获取父协程，如果不存在父协程，那么该协程就相当于处于顶级作用域中；如果父协程存在，那么需要注册监听它的取消回调，在父协程取消时，确保子协程也进入取消状态。

5.7.4 顶级作用域

经过这一番改造之后，我们遇到了一个很大的麻烦：我们居然没有办法创建协程了！因为启动协程需要作用域，而作用域本身又是在创建协程过程中产生的，这似乎是一个“先有鸡还是先有蛋”的问题。

不过，既然作用域的接口定义如此简单，那么如果我们给它一个空上下文的实现会怎样呢？如代码清单 5-67 所示。

代码清单 5-67 顶级作用域的实现

```
object GlobalScope : CoroutineScope {
  override val scopeContext: CoroutineContext
    get() = EmptyCoroutineContext
}
```

通过 GlobalScope 创建的协程将不会有父协程，我们也可以把它称作**根协程**。由于根协程的协程体的 Receiver 就是作用域实例，因此可以在它的协程体内部再创建新的协程，最终产生一个**协程树**（如图 5-11 所示）。如代码清单 5-68 所示。

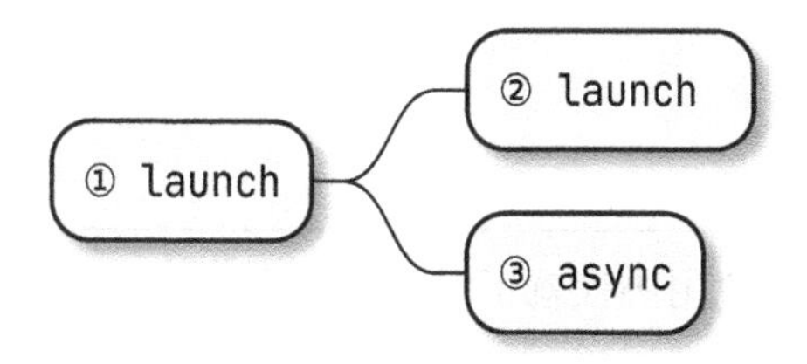

图 5-11　协程的父子关系示意

代码清单 5-68　协程的父子关系示意

```
GlobalScope.launch { ... ①
  launch { ... } ... ②
  async { ... } ... ③
}
```

当然，如果在协程内部再次使用 GlobalScope 创建协程，那么新协程仍然是根协程，如代码清单 5-69 所示。

代码清单 5-69　不存在父子关系的协程

```
GlobalScope.launch {
  GlobalScope.launch { ... }
}
```

示例中虽然两个协程在形式上存在嵌套关系，但实际上都是根协程，没有父子关系。

5.7.5　协同作用域

默认情况下，在一个协程体内直接创建协程，二者会产生父子关系，并且子协程所在的作用域为协同作用域。在实践中，根协程不一定由我们自己创建，框架或者平台如果支持运行挂起函数，那么我们在挂起函数内部就可以直接创建协程，这样新协程作为协程树的节点也方便框架或者平台维护协程的生命周期。

这样的例子有很多，最早在 Android 上有一个 Anko 扩展库（https://github.com/Kotlin/anko），它为 Android 的 UI 组件封装了很多事件监听函数，如代码清单 5-70 所示。

代码清单 5-70　Anko 中提供了协程作用域的 onClick 函数

```
fun android.view.View.onClick(
  context: CoroutineContext = Dispatchers.Main,
  handler: suspend CoroutineScope.(v: android.view.View?) → Unit
) {
```

```
    setOnClickListener { v →
      GlobalScope.launch(context, CoroutineStart.DEFAULT) {
        handler(v)
      }
    }
  }
```

这样我们在 Android 中使用协程就不需要自己主动创建和维护根协程了，如代码清单 5-71 所示。

代码清单 5-71　onClick 函数的使用

```
button.onClick {
  val user = async {
    getUserSync()
  }.await()
  showUser(user)
}
```

注意，这里 onClick 的参数是带有作用域的 Receiver 的，因此我们可以直接在其中创建协程。

> 注意　Anko 已经停止维护了。onClick 中通过 GlobalScope 启动协程后并没有将根协程与 UI 的生命周期绑定，这实际上是存在问题的，解决方案将在第 7 章给出。

实践中也有不能直接获取到作用域的情况，即在没有作用域作为 Receiver 的挂起函数中，如代码清单 5-72 所示。

代码清单 5-72　没有显式的协程作用域的情况

```
suspend fun noScope(){
  ...
}
```

虽然不能直接获取到作用域实例，但我们知道这个挂起函数只能运行在某一个协程当中，而在我们现有框架的基础上创建协程又必然会存在作用域，因此 noScope 并非没有作用域，只是我们看不到罢了。

本节所定义的协程作用域的本质作用就是提供协程上下文，因此我们完全可以基于此构造一个作用域出来。由于 AbstractCoroutine 已经被我们改造成了作用域的实现，因此只需要获取 noScope 所在协程的上下文来创建这个作用域即可，如代码清单 5-73 所示。

代码清单 5-73　支持获取当前协程所在的作用域

```
suspend fun <R> coroutineScope(block: suspend CoroutineScope.() → R): R =
```

```
    suspendCoroutine { continuation ->
      val coroutine = ScopeCoroutine(continuation.context, continuation)
      block.startCoroutine(coroutine, coroutine)
    }

internal open class ScopeCoroutine<T>(
  context: CoroutineContext,
  protected val continuation: Continuation<T>
) : AbstractCoroutine<T>(context) {

  override fun resumeWith(result: Result<T>) {
    super.resumeWith(result)
    continuation.resumeWith(result)
  }
}
```

至此，我们在 noScope 中也同样可以获得作用域了，见代码清单 5-74。

代码清单 5-74　获取当前的作用域

```
suspend fun noScope(){
  coroutineScope {
    launch { ... }
  }
}
```

5.7.6　suspend fun main 的作用域

如果前面定义的 noScope 函数运行在 main 函数中会是怎样的情况？如代码清单 5-75 所示。

代码清单 5-75　没有协程作用域实例的情况

```
suspend fun main(){
  noScope()
}
```

这样似乎真的没有作用域了。我们前面介绍过 suspend fun main 的运行机制，它的背后实际上是一个简单协程，确实没有实现 CoroutineScope 接口的作用域实例存在，因此看起来真的不存在协程作用域。不过我们换个角度，虽然不存在作用域实例，但我们可以用它的上下文创建一个出来。如果它的上下文为空，那么它的作用域就等价于顶级作用域，而它自己则是根协程，如代码清单 5-76 所示。

代码清单 5-76　没有作用域实例的情况下获取当前作用域

```
suspend fun main(){
```

```
  coroutineScope {
    launch { ... }
    async { ... }
  }
}
```

这个例子中根协程自然是 main 函数背后的简单协程，我们通过 coroutineScope 为它创建出作用域的实例，因而可以认为其中通过 launch 和 async 创建的协程都是它的子协程，对于这其中的关系，如果理解不到位，容易产生更多的问题。因此建议大家在业务开发中避免直接使用简单协程。

5.7.7 实现异常的传播

对于父子协程，目前我们已经实现了父协程取消后子协程也被取消的逻辑，接下来我们探讨一下如何实现子协程的异常向上传播的功能。

协程出现未捕获的异常后，按照现有的实现，我们已经将该异常传递到 tryHandleException 中了，对于非取消异常的情况都交由 handleJobException 来处理。按照协同作用域的设计，协程遇到未捕获的异常时应当优先向上传播，如果没有父协程才应当自行处理，因此我们增加一个函数，如代码清单 5-77 所示。

代码清单 5-77 处理子协程的异常

```
protected open fun handleChildException(e: Throwable): Boolean{
  cancel()
  return tryHandleException(e)
}
```

这个函数由子协程调用，调用时先取消父协程，然后再由父协程尝试进行异常处理。如果父协程仍然不是根协程，那么异常将继续向上传播，如代码清单 5-78 所示。

代码清单 5-78 异常的传播

```
private fun tryHandleException(e: Throwable): Boolean{
  return when(e){
    ...
    else -> {
      (parentJob as? AbstractCoroutine<*>)?.handleChildException(e)
        ?.takeIf { it }
        ?: handleJobException(e)
    }
  }
}
```

我们将对父协程的 handleChildException 的调用插入自身的 handleJobException 之前，确保父协程优先进行处理。如果存在父协程，且父协程对异常进行了处理，自身将不再对异常进行处理。

这样做对异常处理器的触发逻辑也会有影响。不难发现，协同作用域中，异常处理器只有设置给根协程才有意义，子协程的异常处理器永远不会被触发。

5.7.8　主从作用域

协同作用域的效果就是将父子协程绑定到了一起，父取消则子取消，子异常则父“连坐”。有没有既可以保证父协程可以控制子协程的生命周期，又可以避免子协程出现未捕获的异常后连累父协程的情况呢？

细心的读者一定会发现，我们只需要覆写 handleChildException 函数并返回 false，父协程就不会对子协程的异常做出响应了，如代码清单 5-79 所示。

代码清单 5-79　不处理子协程的异常

```
private class SupervisorCoroutine<T>(
  context: CoroutineContext,
  continuation: Continuation<T>
) : ScopeCoroutine<T>(context, continuation) {
  override fun handleChildException(e: Throwable): Boolean {
    return false
  }
}
```

创建这样一个作用域也非常简单，如代码清单 5-80 所示。

代码清单 5-80　主从作用域的实现

```
suspend fun <R> supervisorScope(
  block: suspend CoroutineScope.() -> R
): R = suspendCoroutine { continuation ->
    val coroutine = SupervisorCoroutine(
        continuation.context, continuation)
    block.startCoroutine(coroutine, coroutine)
  }
```

这就是主从作用域的实现了。可见主从作用域与协同作用域的区别只有一点，即在子协程的未捕获异常是否向上传播，主从作用域像一道防火墙一样阻断了子协程异常的向上扩散。这一点类似于电脑上插入了很多 U 盘，其中任意一个 U 盘坏了都不会对主机及其他 U 盘的使用造成影响。

主从作用域的应用场景多见于子协程为独立对等的任务实体的情况，例如一个多协程并发下载器，每一个协程承载一个下载任务，这种情况下任意一个下载任务失败都不应当影响其他协程。

5.7.9 完整的异常处理流程

引入作用域之后，异常的处理流程可以进一步完善，如图 5-12 所示。

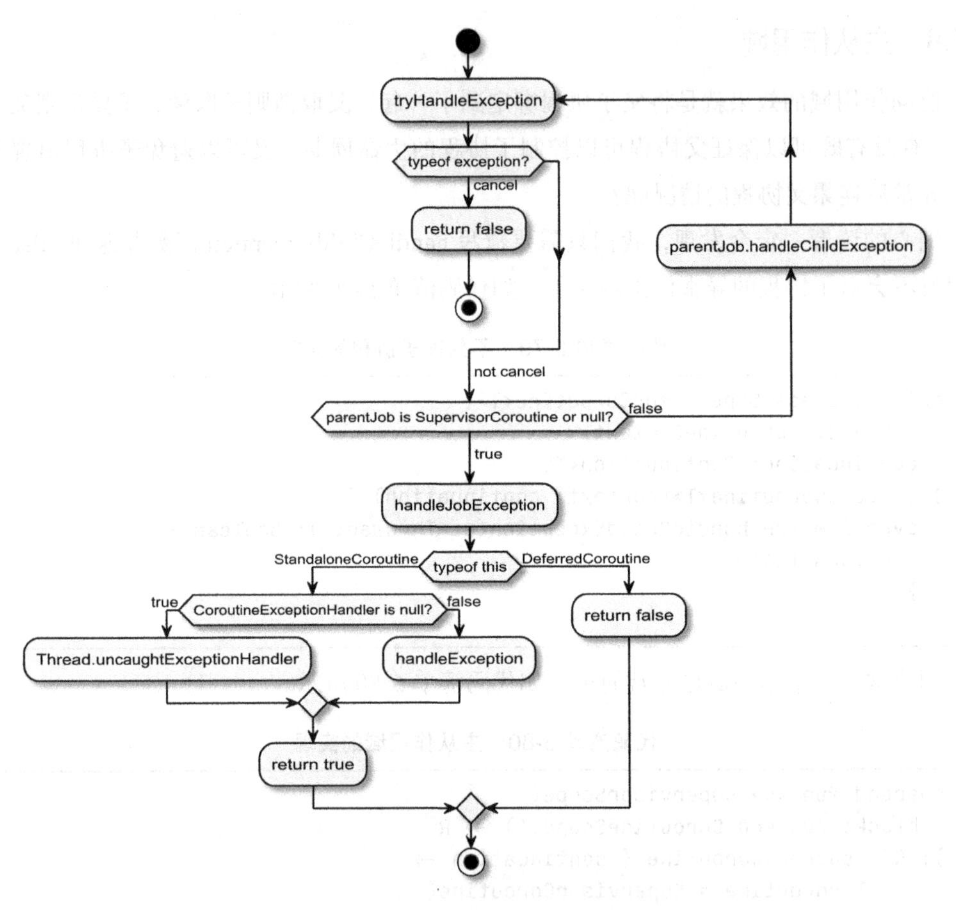

图 5-12 异常在作用域中的处理流程

这其中协同作用域与主从作用域对于异常的传播和扩散有较大的影响。还有一点需要注意的是，虽然 DeferredCoroutine 中的未捕获异常只会在 await 调用时才抛出，但这并不会影响它将异常向父协程传播。

5.7.10 父协程等待子协程完成

除了以上能力以外，作用域还要求父协程必须等子协程执行完才可以进入完成状态，这要求父协程的 resumeWith 执行完成之后还需要对子协程进行检查，如果子协程尚未完成，则向子协程中注册完成回调，直到所有的子协程的完成回调都触发，父协程才能将自身状态流转为完成状态并触发对应的完成回调，如图 5-13 所示。

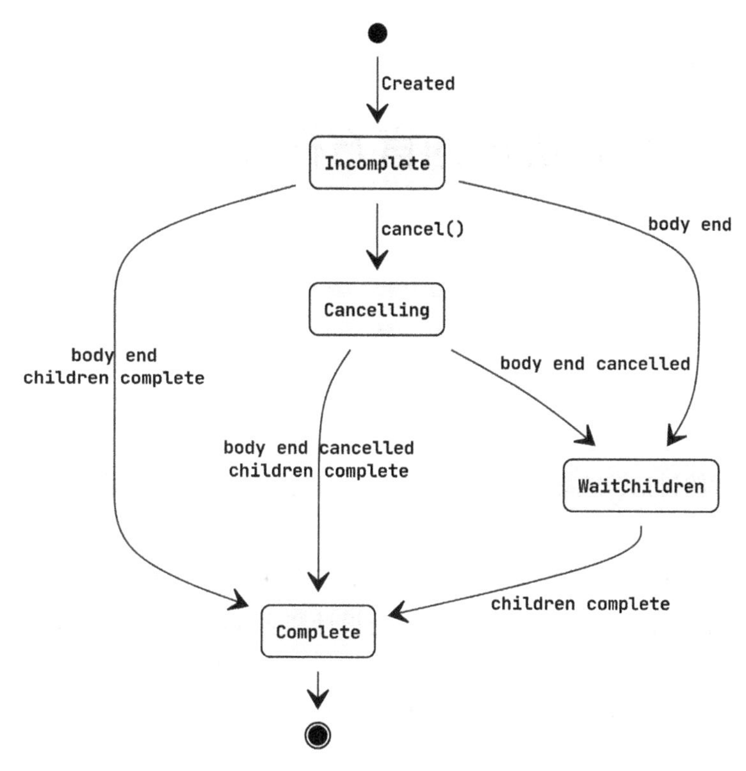

图 5-13　协程在作用域下的状态流转

这个功能的实现思路并不复杂，我们只需要在协程状态中增加一个等待子协程执行完成的状态，并在各处状态流转时加入该状态的判断逻辑即可，读者可以自行尝试。

5.8　本章小结

本章基于 Kotlin 标准库提供的简单协程参照官方协程框架完成了一套体系相对完善的复合协程的实现，提供了协程创建、调度、取消、异常处理、作用域等功能的实现，实现过程中尽可能在努力还原官方协程框架特性的同时保持代码的可读性和简洁性，方便读者更深入地理解协程的概念及其运行机制。

通过这一章的探讨，相信大家已经对官方协程框架的设计思路有了一定的认识，因而在后续对官方框架的使用过程中也会更加得心应手。

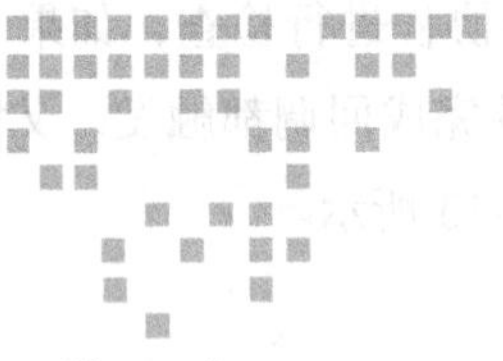

Chapter 6　第 6 章

Kotlin 协程的官方框架

通过前几章的讨论，想必大家对协程的基本概念，以及 Kotlin 协程的 API 的运用有了较为深刻的了解。

在第 5 章中，我们探讨了如何利用 Kotlin 的简单协程实现一套更易用的复合协程 API，这基本上是以官方协程框架为范本进行设计和实现的。虽然我们还没有正式接触官方协程框架，但实际上我们对它绝大多数的功能已经了如指掌了。本章将开始探讨官方协程框架的更多功能，并逐步尝试将协程运用于实际生产当中。

6.1　协程框架概述

尽管整体上我们可以通过参照 CoroutineLite 的实现来掌握 Kotlin 官方协程框架的核心功能，但后者在这些功能的实现上仍有很多细节值得探讨。

6.1.1　框架的构成

Kotlin 协程的官方框架 kotlin.coroutines 是一套独立于标准库之外的以生产为目的的框架，框架本身提供了丰富的 API 来支撑生产环境中异步程序的设计和实现。如图 6-1 所示，它主要由以下几部分构成。

- core：框架的核心逻辑，包括第 5 章讨论的所有功能以及 Channel、Flow 等特性。
- ui：包括 android、javafx、swing 三个库，用于提供各平台的 UI 调度器和一些特有的逻辑（例如 Android 平台上的全局异常处理器设置）。

- reactive 相关：提供对各种响应式编程框架的协程支持，包括如下几项。
  - reactive：提供对 Reative Streams（https://www.reactivestreams.org/）的协程支持。
  - reactor：提供对 Reactor（https://projoctreactor.io/）的协程支持，Spring 的 WebFlux 就是基于 Reactor 实现的。
  - rx2：提供对 RxJava 2.x（https://github.com/RecictiveX/RxJava）版本的协程支持。
- integration：提供与其他框架的异步回调的集成，包括如下几项。
  - jdk8：提供对 CompletableFuture 的协程 API 的支持。
  - guava：提供对 ListenableFuture 的协程 API 的支持。
  - slf4j：提供 MDCContext 作为协程上下文的元素，以使协程中使用 slf4j 打印日志时能够读取对应的 MDC 中的键值对。
  - play-services：提供对 Google Play 服务中的 Task 的协程 API 的支持。

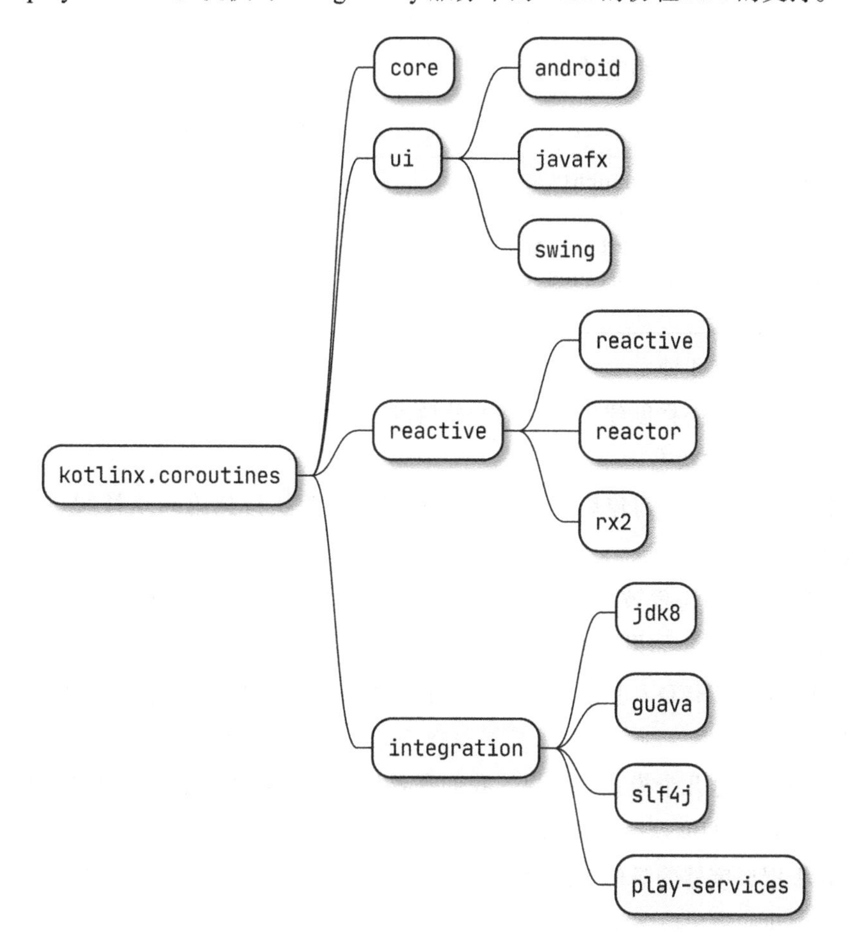

图 6-1 官方协程框架的结构

这些库的命名方式均为 kotlinx-coroutines-<?>，使用协程框架时根据需要在依赖中添加如下配置：

```
org.jetbrains.kotlinx:kotlinx-coroutines-core:1.3.3
// 添加 Android 的支持
org.jetbrains.kotlinx:kotlinx-coroutines-android:1.3.3
// 添加 Java 8 的支持
org.jetbrains.kotlinx:kotlinx-coroutines-jdk8:1.3.3
...
```

6.1.2 协程的启动模式

在第 5 章中，我们通过开发 CoroutineLite 探讨了非常多的官方框架的基础功能设计，不过因篇幅有限，有一些特性我们没有涉及，启动模式就是其中之一。

相比之下，官方框架中的 launch 等 API 都多了一个参数——start，它的类型是 CoroutineStart，具体如代码清单 6-1 所示。

代码清单 6-1 官方框架中的 launch 函数的定义

```
fun CoroutineScope.launch(
  context: CoroutineContext = EmptyCoroutineContext,
  start: CoroutineStart = CoroutineStart.DEFAULT,
  block: suspend CoroutineScope.() → Unit
): Job { ... }
```

启动模式总共有 4 种。

- DEFAULT：协程创建后，立即开始调度，在调度前如果协程被取消，其将直接进入取消响应的状态。
- ATOMIC：协程创建后，立即开始调度，协程执行到第一个挂起点之前不响应取消。
- LAZY：只有协程被需要时，包括主动调用协程的 start、join 或者 await 等函数时才会开始调度，如果调度前就被取消，那么该协程将直接进入异常结束状态。
- UNDISPATCHED：协程创建后立即在当前函数调用栈中执行，直到遇到第一个真正挂起的点。

要彻底搞清楚这几个模式的效果，我们需要先搞清楚**立即调度**和**立即执行**的区别。立即调度表示协程的调度器会立即接收调度指令，但具体执行的时机以及在哪个线程上执行，还需要根据调度器的具体情况而定，也就是说立即调度到立即执行之间通常会有一段时间。因此，我们得出以下结论：

- DEFAULT 虽然是立即调度，但也有可能在执行前被取消。
- UNDISPATCHED 是立即执行，因此协程一定会执行。
- ATOMIC 虽然是立即调度，但其将调度和执行两个步骤合二为一了，就像它的名字一样，其保证调度和执行是原子操作，因此协程也一定会执行。
- UNDISPATCHED 和 ATOMIC 虽然都会保证协程一定执行，但在第一个挂起点之前，前者运行在协程创建时所在的线程，后者则会调度到指定的调度器所在的线程上执行。

这些启动模式的设计主要是为了应对某些特殊的场景。业务开发实践中通常使用 DEFAULT 和 LAZY 这两个启动模式就足够了。

说明　虽然我们在 CoroutineLite 中没有给出启动模式的实现，不过我们自己实现的 launch 启动协程的效果等价于使用了 ATOMIC 模式。

6.1.3　协程的调度器

对于调度器的实现机制我们已经非常清楚了，官方框架中预置了 4 个调度器，我们可以通过 Dispatchers 对象访问它们。

- Default：默认调度器，适合处理后台计算，其是一个 CPU 密集型任务调度器。
- IO：IO 调度器，适合执行 IO 相关操作，其是一个 IO 密集型任务调度器。
- Main：UI 调度器，根据平台不同会被初始化为对应的 UI 线程的调度器，例如在 Android 平台上它会将协程调度到 UI 事件循环中执行，即通常在**主线程**上执行。
- Unconfined：“无所谓”调度器，不要求协程执行在特定线程上。协程的调度器如果是 Unconfined，那么它在挂起点恢复执行时会在恢复所在的线程上直接执行，当然，如果嵌套创建以它为调度器的协程，那么这些协程会在启动时被调度到协程框架内部的事件循环上，以避免出现 StackOverflow。

接下来我们将探讨这些调度器的不同使用场景。

如果当前协程会访问 UI 资源，那么使用 Main，如代码清单 6-2 所示。

代码清单 6-2　Main 调度器

```
GlobalScope.launch(Dispatchers.Main) {
  val user = getUserSuspend()
  nameView.text = user.name
  ...
}
```

为确保对 UI 读写的并发安全性，我们需要确保相关协程在 UI 线程上执行，因此需要指定调度器为 Main。

如果是只包含单纯的计算任务的协程，则通常其存续时间较短，比较适合使用 Default 调度器；如果是包含 IO 操作的协程，则通常其存续时间较长，且无须连续占据 CPU 资源，因此适合使用 IO 作为其调度器。

如果大家仔细阅读 Default 和 IO 这两个调度器的实现，就会发现它们背后实际上是同一个线程池。那么，为什么二者在使用上会存在差异呢？由于 IO 任务通常会阻塞实际执行任务的线程，在阻塞过程中线程虽然不占用 CPU，但却占用了大量内存，这段时间内被 IO 任务占据线程实际上是资源使用不合理的表现，因此 IO 调度器对于 IO 任务的并发量做了限制，避免过多的 IO 任务并发占用过多的系统资源，同时在调度时为任务打上 PROBABLY_BLOCKING 的标签，以方便线程池在执行任务调度时对阻塞任务和非阻塞任务区别对待。

说明　JavaScript 和 Native 平台上的调度器将在第 9 章讨论。

如果内置的调度器无法满足需求，我们也可以自行定义调度器，只需要实现 CoroutineDispatcher 接口即可，如代码清单 6-3 所示。

代码清单 6-3　自定义调度器

```
class MyDispatcher: CoroutineDispatcher(){
  override fun dispatch(context: CoroutineContext, block: Runnable) {
    ...
  }
}
```

不过自己定义调度器的情况不多见，更常见的是将我们自己定义好的线程池转成调度器，如代码清单 6-4 所示。

代码清单 6-4　将线程池转换成调度器

```
Executors.newSingleThreadExecutor()
  .asCoroutineDispatcher()
  .use { dispatcher ->
    val result = GlobalScope.async(dispatcher) {
      delay(100)
      "Hello World"
    }.await()
  }
```

使用扩展函数 asCoroutineDispatcher 就可以将 Executor 转为调度器，不过这个调度器需要在使用完毕后主动关闭，以免造成线程泄露。本例中，我们使用 use 在协程执行完成后主动关闭这个调度器。

官方框架还为我们提供了一个很好用的 API withContext，我们可以使用它来简化前面的例子，如代码清单 6-5 所示。

代码清单 6-5　使用 withContext 切换调度器

```
Executors.newSingleThreadExecutor()
  .asCoroutineDispatcher()
  .use { dispatcher ->
    val result = withContext(dispatcher) {
      delay(100)
      "Hello World"
    }
  }
```

withContext 会将参数中的 Lambda 表达式调度到对应的调度器上，它自己本身就是一个挂起函数，返回值为 Lambda 表达式的值，由此可见它的作用几乎等价于 async { ... }.await()。

提示　与 async { ... }.await() 相比，withContext 的内存开销更低，因此对于使用 async 之后立即调用 await 的情况，应当优先使用 withContext。

6.1.4　协程的全局异常处理器

我们曾在 CoroutineLite 中实现了使用异常处理器来处理协程中未捕获异常的机制，官方协程框架还支持全局的异常处理器。在根协程未设置异常处理器时，未捕获异常会优先传递给全局异常处理器处理，之后再交给所在线程的 UncaughtExceptionHandler。

由此可见，全局异常处理器可以获取到所有协程未处理的未捕获异常，不过它并不能对异常进行捕获。虽然不能阻止程序崩溃，全局异常处理器在程序调试和异常上报等场景中仍然有非常大的用处。

定义全局异常处理器本身与定义普通异常处理器没有什么区别，具体如代码清单 6-6 所示。

代码清单 6-6　定义一个全局异常处理器

```
class GlobalCoroutineExceptionHandler
: CoroutineExceptionHandler {
  override val key = CoroutineExceptionHandler
```

```
    override fun handleException(
      context: CoroutineContext,
      exception: Throwable
    ) {
      println("Global Coroutine exception: $exception")
    }
}
```

关键之处在于我们需要在 classpath 下面创建 META-INF/services 目录，并在其中创建一个名为 kotlinx.coroutines.CoroutineExceptionHandler 的文件，文件的内容就是我们的全局异常处理器的全类名。本例中该文件的内容为：

```
com.bennyhuo.kotlin.coroutine.ch06.exceptionhandler.GlobalCoroutineExceptionHandler
```

接下来测试一下它的效果，如代码清单 6-7 所示。

代码清单 6-7　测试全局异常处理器的效果

```
GlobalScope.launch {
  throw ArithmeticException("Hey!")
}.join()
```

程序的运行结果如下：

```
Global Coroutine exception: java.lang.ArithmeticException: Hey!
Exception in thread "<...>" java.lang.ArithmeticException: Hey!
  at com.bennyhuo.kotlin.<...>.GlobalCoroutineExceptionHandlerKt$main$2.invo
keSuspend(GlobalCoroutineExceptionHandler.kt:18)
   ...
```

如果大家在 Android 设备上尝试运行该程序，部分机型可能只能看到全局异常处理器输出的异常信息。换言之，如果我们不配置全局异常处理器，在 Default 或者 IO 调度器上遇到未捕获的异常时极有可能发生程序闪退却没有任何异常信息的情况，此时全局异常处理器的配置就显得格外有用了。

说明　全局异常处理器不适用于 JavaScript 和 Native 平台。

6.1.5　协程的取消检查

我们已经知道挂起函数可以通过 suspendCancellableCoroutine 来响应所在协程的取消状态，我们在设计异步任务时，异步任务的取消响应点可能就在这些挂起点处。

如果没有挂起点呢？例如在协程中实现一个文件复制的函数，如果使用 Java BIO 来完成则不需要调用挂起函数，如代码清单 6-8 所示。

代码清单 6-8　流复制函数的实现

```
public fun InputStream.copyTo(
  out: OutputStream,
  bufferSize: Int = DEFAULT_BUFFER_SIZE
): Long {
  var bytesCopied: Long = 0
  val buffer = ByteArray(bufferSize)
  var bytes = read(buffer)
  while (bytes >= 0) {
    out.write(buffer, 0, bytes)
    bytesCopied += bytes
    bytes = read(buffer)
  }
  return bytesCopied
}
```

这是标准库提供的扩展函数，可以实现流复制。

将这段程序直接放入协程中之后，你就会发现协程的取消状态对它没有丝毫影响。想要解决这个问题，我们首先可以想到的是在 while 循环处添加一个对所在协程的 isActive 的判断。这个思路没有问题，我们可以通过全局属性 coroutineContext 获取所在协程的 Job 实例来做到这一点，如代码清单 6-9 所示。

代码清单 6-9　支持取消响应的流复制函数的实现

```
@UseExperimental(InternalCoroutinesApi::class)
suspend fun InputStream.copyToSuspend(
  out: OutputStream,
  bufferSize: Int = DEFAULT_BUFFER_SIZE
): Long {
  ...
  val job = coroutineContext[Job]
  while (bytes >= 0) {
    job?.let {
      it.takeIf { it.isActive } ?: throw job.getCancellationException()
    }
    ...
  }
  return bytesCopied
}
```

如果 job 为空，那么说明所在的协程是一个简单协程，这种情况不存在取消逻辑；当 job 不为空时，如果 isActive 也不为 true，则说明当前协程被取消了，抛出它对应的取消异常即可。

getCancellationException被标记为内部API，因此我们需要添加注解@UseExperimental(InternalCoroutinesApi::class)才可编译通过。

目的达成，不过这样做看上去似乎有些烦琐，如果对协程的内部逻辑了解不多的话很容易出错。有没有更好的办法呢？那我们就要看看官方协程框架还提供了哪些对逻辑没有影响的挂起函数，这其中最合适的就是yield函数，如代码清单6-10所示。

代码清单6-10　使用yield函数支持取消响应

```
suspend fun InputStream.copyToSuspend(
  out: OutputStream,
  bufferSize: Int = DEFAULT_BUFFER_SIZE
): Long {
  ...
  while (bytes >= 0) {
    yield()
    ...
  }
  return bytesCopied
}
```

yield函数的作用主要是检查所在协程的状态，如果已经取消，则抛出取消异常予以响应。此外，它还会尝试出让线程的执行权，给其他协程提供执行机会。

yield操作在线程的API中同样存在，调用时会尝试提示线程的调度器当前线程希望出让自己的执行权。在出让调度权方面，线程和协程的yield的设计思路基本一致，不过线程的yield不会抛出中断异常，因而我们知道它不会检查线程的中断状态，这是线程的yield与协程的yield之间一个较大的差异。

6.1.6　协程的超时取消

我们发送网络请求，通常会设置一个超时来应对网络不佳的情况，所有的网络框架（如OkHttp）都会提供这样的参数。如果有一个特定的请求，用户等不了太久，比如要求5s以内没有响应就要取消，这种情况下就要单独修改网络库的超时配置，但这样做不太方便。为了解决这个问题，我们可以这样做，如代码清单6-11所示。

代码清单6-11　异步任务的超时取消

```
GlobalScope.launch {
  val userDeferred = async {
    getUserSuspend()
```

```
    }

    val timeoutJob = launch {
      delay(5000)
      userDeferred.cancel()
    }

    val user = userDeferred.await()
    timeoutJob.cancel()
    println(user)
  }
```

我们启动了两个子协程，其中一个协程用于请求数据，另一个协程用于设置超时，二者中任何一个成功执行都会取消另一个，最终只有一个可以正常结束。

这看上去没什么问题，只是不够简洁，甚至还有些令人迷惑。幸运的是，官方框架提供了一个可以设定超时的API，我们可以用这个API来优化上面的代码，如代码清单6-12所示。

代码清单 6-12　使用 withTimeout 实现超时取消

```
GlobalScope.launch {
  val user = withTimeout(5000) {
    getUserSuspend()
  }
  println(user)
}.join()
```

withTimeout这个API可以设定一个超时，如果它的第二个参数block运行超时，那么就会被取消，取消后withTimeout直接抛出取消异常。如果不希望在超时的情况下抛出取消异常，也可以使用withTimeoutOrNull，它的效果是在超时的情况下返回null。

6.1.7 禁止取消

我在做示例的时候希望用delay函数来模拟耗时任务，在外部又尝试取消这个耗时任务以观察协程的取消响应的效果，代码如代码清单6-13所示。

代码清单 6-13　yield 函数功能的测试用例

```
GlobalScope.launch {
  val job = launch {
    listOf(1,2,3,4).forEach {
      yield()
      delay(it * 100L)
    }
```

```
  }
  delay(200)
  job.cancelAndJoin()
}.join()
```

我本意是希望研究 yield 函数的作用，然而在运行过程中，响应协程取消的不一定是 yield 函数，因为 delay 函数自身也可以响应取消，甚至由于它执行时挂起的时间跨度更大，反而非常容易干扰试验结果。可是我一时又找不到更好的模拟耗时的 API，这时该怎么办呢？

官方框架为我们提供了一个名为 NonCancellable 的上下文实现，它的作用就是禁止作用范围内的协程被取消。为了确保 delay 函数不响应取消，我们对前面的代码稍作修改，如代码清单 6-14 所示。

代码清单 6-14　禁止 delay 函数响应取消

```
...
  yield()
  withContext(NonCancellable){
    delay(it * 100L)
  }
...
```

需要注意的是，NonCancellable 需要与 withContext 配合使用，不应当作为 launch 这样的协程构造器的上下文传入，因为这样做没有任何意义。

6.2　热数据通道 Channel

Kotlin 协程框架也提供了类似于 Go routine 的 Channel，本节我们将详细探讨它的工作机制和使用方法。

6.2.1　认识 Channel

Channel 实际上就是一个并发安全的队列，它可以用来连接协程，实现不同协程的通信，代码如代码清单 6-15 所示。

代码清单 6-15　Channel 的基本使用

```
val channel = Channel<Int>()

val producer = GlobalScope.launch {
  var i = 0
```

```
    while (true){
      delay(1000)
      channel.send(i++)
    }
  }

  val consumer = GlobalScope.launch {
    while(true){
      val element = channel.receive()
      println(element)
    }
  }

  producer.join()
  consumer.join()
```

上述代码中构造了两个协程 producer 和 consumer，我们没有为它们明确指定调度器，所以它们的调度器都是默认的，在 Java 平台上就是基于线程池实现的 Default。它们可以运行在不同的线程上，也可以运行在同一个线程上，具体执行流程如图 6-2 所示。

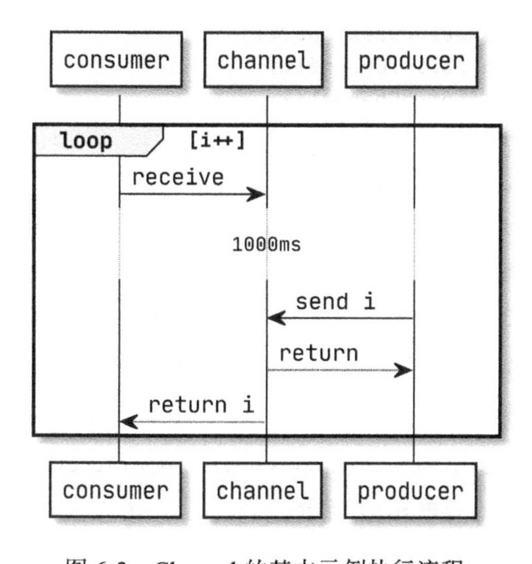

图 6-2 Channel 的基本示例执行流程

上面这个例子与 2.3.3 节的例子非常类似，producer 中每隔 1s 向 Channel 发送一个数字，而 consumer 一直在读取 Channel 来获取这个数字并打印（如图 6-2 所示），显然发送端比接收端更慢。在没有值可以读到的时候，receive 是挂起的，直到有新元素到达。这么看来，receive 一定是一个挂起函数、那么 send 呢？

6.2.2 Channel 的容量

如果你自己在 IDE 中尝试编写代码清单 6-15 中的代码，你会发现 send 也是挂起函数。发送端为什么会挂起？以我们熟知的 BlockingQueue 为例，当我们往其中添加元素的时候，元素在队列里实际上是占用了空间的。如果这个队列空间不足，那么再往其中添加元素的时候就会出现两种情况：

- 阻塞，等待队列腾出空间。
- 抛异常，拒绝添加元素。

send 也会面临同样的问题。Channel 实际上就是一个队列，队列中一定存在缓冲区，那么一旦这个缓冲区满了，并且也一直没有人调用 receive 并取走元素，send 就需要挂起，等待接收者取走数据之后再写入 Channel。接下来我们看 Channel 缓冲区的定义，如代码清单 6-16 所示。

代码清单 6-16　Channel 的缓冲区设置

```
public fun <E> Channel(capacity: Int = RENDEZVOUS): Channel<E> =
  when (capacity) {
    RENDEZVOUS -> RendezvousChannel()
    UNLIMITED -> LinkedListChannel()
    CONFLATED -> ConflatedChannel()
    else -> ArrayChannel(capacity)
  }
```

我们构造 Channel 的时候调用了一个名为 Channel 的函数，虽然两个 “Channel” 看起来是一样的，但它却确实不是 Channel 的构造函数。在 Kotlin 中我们经常定义一个顶级函数来伪装成同名类型的构造器，这本质上就是工厂函数。Channel 函数有一个参数叫 capacity，该参数用于指定缓冲区的容量，RENDEZVOUS 默认值为 0。RENDEZVOUS 的本意就是描述“不见不散”的场景，如果不调用 receive，send 就会一直挂起等待。换句话说，在 6.2 节开头的例子里面，如果 consumer 不调用 receive，producer 里面的第一个 send 就挂起了，具体如代码清单 6-17 所示。

代码清单 6-17　send 函数挂起的情形

```
val producer = GlobalScope.launch {
  var i = 0
  while (true){
    delay(1000)
    i++ // 为了方便输出，我们将自增放到前面
    println("before send $i")
    channel.send(i)
```

```
      println("after send $i")
    }
  }

  val consumer = GlobalScope.launch {
    while(true){
      delay(2000) //receive 之前延迟 2s
      val element = channel.receive()
      println("receive $element")
    }
  }
```

在上述代码中，我们故意让接收端的节奏放慢，发现 send 确实总是会挂起，直到 receive 之后才会继续往下执行（如图 6-3 所示）。程序运行输出如下：

```
before send 1
▶ 1000ms later
receive 1
after send 1
▶ 1000ms later
before send 2
▶ 1000ms later
receive 2
after send 2
...
```

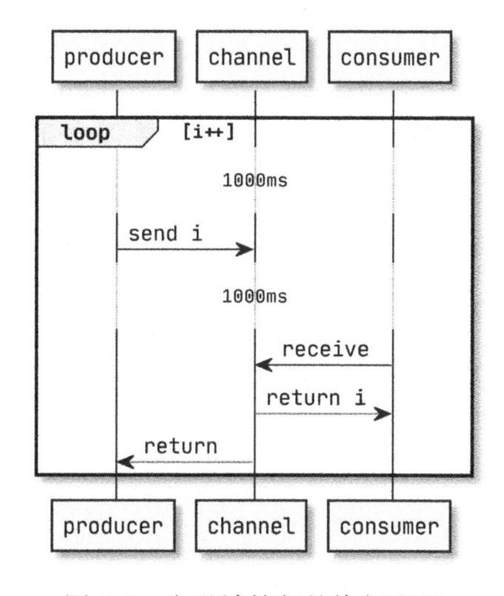

图 6-3　发送端挂起的执行流程

UNLIMITED 比较好理解，其来者不拒，从它给出的实现类 LinkedListChannel 来看，这一点与 LinkedBlockingQueue 有异曲同工之妙。

CONFLATED 的字面意思是合并，那是不是这边发 1、2、3、4、5，那边就会收到一个 [1,2,3,4,5] 的集合呢？实际上这个函数的效果是只保留最后一个元素，所以这不是合并而是置换，即这个类型的 Channel 只有一个元素大小的缓冲区，每次有新元素过来，都会用新的替换旧的，也就是说发送端发送了 1、2、3、4、5 之后接收端才接收的话，那么只会收到 5。

剩下的就是 ArrayChannel 了，它接收一个值作为缓冲区容量的大小，效果类似于 ArrayBlockingQueue，这里就不再赘述了。

6.2.3 迭代 Channel

前面我们在发送和读取 Channel 的时候用了 while(true)，因为我们想要不断地进行读写操作。Channel 本身确实有些像序列，可以依次读取，所以我们在读取的时候也可以直接获取一个 Channel 的 iterator，如代码清单 6-18 所示。

代码清单 6-18 使用 iterator 迭代 Channel

```
val consumer = GlobalScope.launch {
  val iterator = channel.iterator()
  while(iterator.hasNext()){ // 挂起点
    val element = iterator.next()
    println(element)
    delay(2000)
  }
}
```

其中，iterator.hasNext() 是挂起函数，在判断是否有下一个元素的时候就需要去 Channel 中读取元素了。

这个写法自然可以简化成 for…in…，具体如代码清单 6-19 所示。

代码清单 6-19 使用 for…in…迭代 Channel

```
val consumer = GlobalScope.launch {
  for (element in channel) {
    println(element)
    delay(2000)
  }
}
```

6.2.4 produce 和 actor

前面我们在协程外部定义了 Channel，并在协程中访问了它，实现了一个简单的生产者与消费者的示例，那么有没有便捷的办法构造生产者和消费者呢？当然是有的，如代码清单 6-20 所示。

代码清单 6-20　构造生产者协程

```
val receiveChannel: ReceiveChannel<Int> = GlobalScope.produce {
  repeat(100){
    delay(1000)
    send(it)
  }
}
```

我们可以通过 produce 方法启动一个生产者协程，并返回一个 ReceiveChannel，其他协程就可以用这个 Channel 来接收数据了。反过来，我们可以用 actor 启动一个消费者协程，如代码清单 6-21 所示。

代码清单 6-21　构造消费者协程

```
val sendChannel: SendChannel<Int> = GlobalScope.actor<Int> {
  while(true){
    val element = receive()
    println(element)
  }
}
```

ReceiveChannel 和 SendChannel 都是 Channel 的父接口，前者定义了 receive，后者定义了 send，Channel 也因此既可以使用 receive 又可以使用 send。

与 launch 一样，produce 和 actor 也都被称为协程构造器。通过这两个协程构造器启动的协程也与返回的 Channel 自然地绑定到了一起，因此在协程结束时返回的 Channel 也会被立即关闭。

以 produce 为例，它构造出了一个 ProducerCoroutine 对象，该对象也是 Job 的实现类之一，如代码清单 6-22 所示。

代码清单 6-22　生产者协程构造器的内部实现

```
internal open class ProducerCoroutine<E>(
  parentContext: CoroutineContext, channel: Channel<E>
) : ChannelCoroutine<E>(parentContext, channel, active = true), ProducerScope<E> {
  ...
  override fun onCompleted(value: Unit) {
    _channel.close() // 协程完成时
  }

  override fun onCancelled(cause: Throwable, handled: Boolean) {
```

```
      val processed = _channel.close(cause) // 协程取消时
      if (!processed && !handled) handleCoroutineException(context, cause)
    }
  }
```

注意，在协程完成和取消的方法调用中，对应的 _channel 都会被关闭。

produce 和 actor 这两个构造器看上去都很有用，不过目前前者仍被标记为 ExperimentalCoroutinesApi，后者则被标记为 ObsoleteCoroutinesApi，后续仍然可能会有较大的改动。

actor 的文档中提到的 issue #87（https://github.com/Kotlin/kotlinx.coroutines/issues/87）也说明，相比基于 actor 模型的并发框架，Kotlin 协程提供的这个 actor API 不过就是一个 SendChannel 的返回值而已，功能相对简单，仍需要进一步设计和完善。

6.2.5 Channel 的关闭

前面我们提到，produce 和 actor 返回的 Channel 都会随着对应的协程执行完毕而关闭，可见，Channel 还有一个关闭的概念。也正是这样，Channel 才被称为热数据流，与 6.3 节中要讲到的 Flow 正好相反。

既然这样，就难免“曲终人散”。对于一个 Channel，如果我们调用了它的 close 方法，它会立即停止接收新元素，也就是说这时候它的 isClosedForSend 会立即返回 true。而由于 Channel 缓冲区的存在，这时候可能还有一些元素没有被处理完，因此要等所有的元素都被读取之后 isClosedForReceive 才会返回 true。相关代码如代码清单 6-23 所示。

代码清单 6-23　Channel 的关闭

```
val channel = Channel<Int>(3)

val producer = GlobalScope.launch {
  List(3){
    channel.send(it)
    println("send $it")
  }
  channel.close()
  println("""close channel.
    |  - ClosedForSend: ${channel.isClosedForSend}
    |  - ClosedForReceive: ${channel.isClosedForReceive}""".trimMargin())
}

val consumer = GlobalScope.launch {
  for (element in channel) {
    println("receive $element")
    delay(1000)
```

```
    }

    println("""After Consuming.
      |    - ClosedForSend: ${channel.isClosedForSend}
      |    - ClosedForReceive: ${channel.isClosedForReceive}""".trimMargin())
}
```

我们对例子稍作修改，创建一个缓冲区大小为 3 的 Channel，在 producer 协程里面快速将元素发送出去，发送 3 个之后关闭 Channel，而在 consumer 协程中每秒读取一个，结果如下：

```
send 0
receive 0
send 1
send 2
close channel.
  - ClosedForSend: true
  - ClosedForReceive: false
▶ 1000ms later
receive 1
▶ 1000ms later
receive 2
▶ 1000ms later
After Consuming.
   - ClosedForSend: true
   - ClosedForReceive: true
```

下面我们来探讨 Channel 关闭的意义。

一说到关闭，我们很容易想到 I/O，如果不关闭 I/O 可能会造成资源泄露。那么 Channel 的关闭有什么意义呢？前面我们提到过，Channel 内部的资源其实就是个缓冲区，如果我们创建一个 Channel 而不去关闭它，虽然并不会造成系统资源的泄露，但却会让接收端一直处于挂起等待的状态，因此一定要在适当的时机关闭 Channel。

那么 Channel 的关闭究竟应该由谁来处理呢？单向的通信过程例如领导讲话，其讲完后会说"我讲完了，散会"，但我们不能在领导还没讲完的时候就说"我听完了，我走了"，这时比较推荐由发送端处理关闭；而对于双向通信的情况，就要考虑协商了，双向通信从技术上来说两端是对等的，但业务场景下通常不是，建议由主导的一方实现关闭。

此外还有一些复杂的情况，前面我们看到的例子都是一对一地进行收发，其实还有一对多、多对多的情况，在这些情况中仍然存在主导的一方，Channel 的生命周期最好由主导方来维护。

6.2.6 BroadcastChannel

我们前面提到，发送端和接收端在 Channel 中存在一对多的情形，从数据处理本身来讲，虽然有多个接收端，但是同一个元素只会被一个接收端读到。广播则不然，多个接收端不存在互斥行为。

创建 broadcastChannel 的方法与创建普通的 Channel 几乎没有区别：

```
val broadcastChannel = broadcastChannel<Int>(5)
```

如果要订阅功能，那么只需要调用如下方法：

```
val receiveChannel = broadcastChannel.openSubscription()
```

这样我们就得到了一个 ReceiveChannel，要想获取订阅的消息，只需要调用它的 receive 函数；如果想要取消订阅则调用 cancel 函数即可。

我们来看一个比较完整的例子，本示例中我们在发送端发送 0、1、2，并启动 3 个协程同时接收广播，相关代码如代码清单 6-24 所示。

代码清单 6-24 收发广播

```
val broadcastChannel = BroadcastChannel<Int>(Channel.BUFFERED)
val producer = GlobalScope.launch {
  List(3){
    delay(100)
    broadcastChannel.send(it)
  }
  broadcastChannel.close()
}

List(3) { index ->
  GlobalScope.launch {
    val receiveChannel = broadcastChannel.openSubscription()
    for (i in receiveChannel) {
      println("[#$index] received: $i")
    }
  }
}.joinAll()
```

输出结果如下：

```
[#0] received: 0
[#2] received: 0
[#1] received: 0
▶ 100ms later
[#2] received: 1
[#0] received: 1
```

```
[#1] received: 1
▶ 100ms later
[#0] received: 2
[#2] received: 2
[#1] received: 2
```

由此可见，广播时每一个接收端协程都可以读取每一个元素。

不过这个例子有一个细节需要注意，如果把发送端的 delay(100) 去掉，你可能会发现什么都不会输出，或者说有部分元素接收不到。以下是一种可能的输出情形：

```
[#1] received: 1
[#2] received: 1
[#0] received: 1
[#1] received: 2
[#2] received: 2
[#0] received: 2
```

为什么会这样呢？这是因为如果 BroadcastChannel 在发送数据时没有订阅者，那么这条数据会被直接丢弃，上述情形其实就是 0 被丢弃了的情况。

除了直接创建以外，我们也可以用前面定义的普通 Channel 进行转换，如代码清单 6-25 所示。

代码清单 6-25　通过 Channel 实例直接创建广播

```
val channel = Channel<Int>()
val broadcast = channel.broadcast(3)
```

其中，broadcast 参数 3 表示缓冲区的大小。

实际上可以认为这里得到的这个 broadcastChannel 与原 Channel 是级联关系，这个扩展函数的源码其实很清晰地为我们展示了这一点，如代码清单 6-26 所示。

代码清单 6-26　直接创建用于发送广播的协程

```
fun <E> ReceiveChannel<E>.broadcast(
  capacity: Int = 1,
  start: CoroutineStart = CoroutineStart.LAZY
): broadcastChannel<E> =
  GlobalScope.broadcast(Dispatchers.Unconfined,
    capacity = capacity, start = start,
    onCompletion = consumes()
  ) {
    for (e in this@broadcast) {  // 这实际上就是在读取原 Channel
      send(e)
    }
  }
```

对于 BroadcastChannel，官方也提供了类似 produce 和 actor 的构造器，我们可以通过 broadcast 函数来直接启动一个协程，并返回一个 BroadcastChannel。

需要注意的是，从原始的 Channel 转换到 BroadcastChannel 其实就是对原 Channel 进行了一个读取操作，如果还有其他协程也在读取这个原始的 Channel，那么会与 BroadcastChannel 产生互斥关系。

另外，与 BroadcastChannel 相关的 API 大部分被标记为 ExperimentalCoroutinesApi，后续也许还会有调整，使用时请大家应多加留意。

6.2.7 Channel 版本的序列生成器

在 4.1.2 节中我们讲到过序列的生成器，它是基于标准库的协程的 API 实现的，实际上 Channel 本身也可以用来生成序列，代码如代码清单 6-27 所示。

代码清单 6-27 使用 Channel 模拟序列生成器

```
val channel = GlobalScope.produce(Dispatchers.Unconfined) {
  println("A")
  send(1)
  println("B")
  send(2)
  println("Done")
}

for (item in channel) {
  println("Got $item")
}
```

produce 创建的协程返回了一个缓冲区大小为 0 的 Channel，为了问题描述起来比较容易，我们传入了一个 Dispatchers.Unconfined 调度器，这意味着协程会立即在当前线程执行到第一个挂起点，所以会立即输出 A 并在 send(1) 处挂起。

后面的 for 循环读到第一个值时，实际上就是调用 channel.iterator.hasNext()，这个 hasNext 函数是一个挂起函数，它会检查是否有下一个元素，在检查的过程中会让前面启动的协程从 send(1) 挂起的位置继续执行，因此会看到 B 输出，然后再挂起到 send(2) 处，这时候 hasNext 结束挂起，for 循环输出第一个元素，以此类推。输出结果如下：

```
A
B
Got 1
Done
Got 2
```

我们看到 B 居然比 Got 1 先输出，同样，Done 也比 Got 2 先输出，这看上去不太符合直觉，不过挂起恢复的执行顺序确实如此，关键点就是我们前面提到的 hasNext 方法会挂起并触发协程内部从挂起点继续执行的操作。如果你选择了其他调度器，也会有其他合理的输出结果。

不管怎么样，我们体验了用 Channel 模拟序列生成器。如果将类似的代码换为标准库的序列生成器，则可得到代码清单 6-28 所示的代码。

代码清单 6-28　对比使用序列生成器的写法

```
val sequence = sequence {
  println("A")
  yield(1)
  println("B")
  yield(2)
  println("Done")
}

println("before sequence")

for (item in sequence) {
  println("Got $item")
}
```

sequence 函数的执行顺序要直观得多，它没有调度器的概念，而且生成的 sequence 对象的 iterator 的 hasNext 和 next 都不是挂起函数，只是在 hasNext 的时候会触发下一个元素的查找，并触发序列生成器内部逻辑的执行。因此，实际上是先触发了 hasNext 才会输出 A，yield 把 1 传出作为序列的第一个元素，这样就会输出 Got 1。完整的输出如下所示：

```
A
Got 1
B
Got 2
Done
```

标准库的序列生成器本质上就是基于标准库的简单协程实现的，没有官方协程框架提供的复合协程的相关概念。正因为如此，我们可以在 Channel 的例子里面切换不同的调度器来生成元素，但在 sequence 函数中就不行了。相关代码如代码清单 6-29 所示。

代码清单 6-29　使用 Channel 模拟序列生成器并切换调度器

```
val channel = GlobalScope.produce(Dispatchers.Unconfined) {
  println("A")
  send(1)
```

```
  withContext(Dispatchers.IO){
    println("B")
    send(2)
  }
  println("Done")
}
```

当然，实践中我们不会直接将 Channel 当作序列生成器使用，但这个思路非常有意义。Channel 也可以被用来构造 Flow，后者在形式上更加类似于序列生成器，见 6.3.8 节。

6.2.8 Channel 的内部结构

前面我们提到，序列生成器无法使用更上层的复合协程的各种能力，除此之外，序列生成器也不是线程安全的，而 Channel 却可以在并发场景下使用。

支持 Channel 胜任并发场景的是其内部的数据结构。本小节主要探讨缓冲区分别是链表和数组的版本。链表版本的定义主要是在 AbstractSendChannel 中，如代码清单 6-30 所示。

代码清单 6-30 Channel 内部的链表

```
internal abstract class AbstractSendChannel<E> : SendChannel<E> {
  protected val queue = LockFreeLinkedListHead()
  ...
}
```

LockFreeLinkedListHead 本身其实就是一个双向链表的节点，实际上 Channel 把它首尾相连形成循环链表，而这个 queue 就是哨兵（sentinel）节点。有新的元素添加时，就在 queue 的前面插入，实际上就相当于在整个队列的最后插入元素。

LockFreeLinkedListHead 中所谓的 LockFree 在 Java 平台上其实是通过原子读写来实现的，对于链表来说，需要修改的无非就是前后节点的引用，如代码清单 6-31 所示。

代码清单 6-31 链表的关键结构

```
public actual open class LockFreeLinkedListNode {
  private val _next = atomic<Any>(this) // Node | Removed | OpDescriptor
  private val _prev = atomic<Any>(this) // Node | Removed
  ...
}
```

LockFreeLinkedListHead 的内部结构是基于论文“Lock-Free and Practical Doubly Linked List-Based Deques Using Single-Word Compare-and-Swap”提到的无锁链表实现的。

CAS 原子操作通常只能修改一个引用，对于需要同时修改前后节点引用的情形是不适用的。例如单链表插入节点时需要修改两个引用，分别是操作节点的前一个节点的 next 和自己的 next，即 Head -> A -> B -> C 在 A、B 之间插入 X 时会需要先修改 X -> B 再修改 A -> X，如果这个过程中 A 被删除，那么可能 X 一并被删除，得到的链表是 Head -> B -> C，如图 6-4 所示。

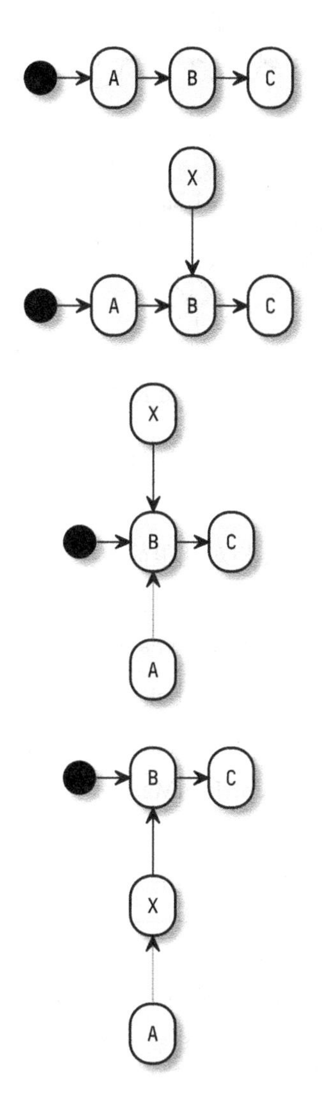

图 6-4　单链表并发插入节点的问题

上述这个无锁双向链表的实现是通过引入节点间的前向引用（prev）来辅助完成的。A 被移除时不会像前面单链表的处理方式那样直接断开连接，而是先将 A.next 和 A.prev 标记为 Removed，指向的节点不变，因此即便同时有节点 X 插入，链表同样有机会在后续通过 CAS 算法实现前后节点引用的修复，如图 6-5 所示。

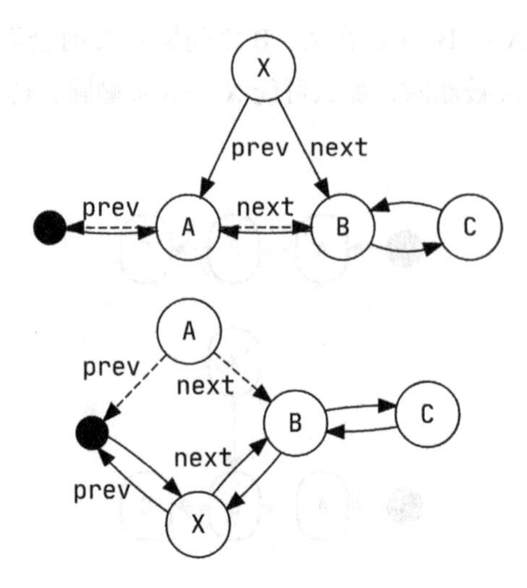

图 6-5 无锁双向链表插入节点的过程

当然这个过程稍些复杂，有兴趣的读者可以参考 LockFreeLinkedListNode 在 JVM 上的实现。

而对于数组版本，ArrayChannel 相对就很简单了，其内部就是一个数组：

```
// 缓冲区大于 8，会先分配大小为 8 的数组，再在之后进行扩容
private var buffer: Array<Any?> = arrayOfNulls<Any?>(min(capacity, 8))
```

对这个数组读写时会直接用 ReentrantLock 进行加锁。

这里还有优化的空间。其实对于数组的元素，我们同样可以进行 CAS 读写，如果大家有兴趣，可以参考 ConcurrentHashMap 的实现。在 JDK 1.7 的实现中，对于段（Segment）数组的读写采用了 UnSafe 类的 CAS 读写操作，JDK 1.8 则直接放弃了分段。对于桶（Bucket）的读写也采用了 UnSafe 类的 CAS 读写操作。

协程在 JavaScript 上的实现简单得多，因为它的协程都只是在单线程上运行，基本不需要处理并发问题。Native 上协程的实现目前仍在不断迭代中，受限于 Native 的并发模型，Native 上的协程目前只能实现有限的线程切换功能。

6.3 冷数据流 Flow

随着 RxJava 的流行，响应式编程模型逐步深入人心。Flow 就是 Kotlin 协程与响应式编程模型结合的产物。

6.3.1　认识 Flow

介绍 Flow 之前，我们先来回顾一下序列生成器，如代码清单 6-32 所示。

代码清单 6-32　序列生成器

```
val ints = sequence {
  (1..3).forEach {
    yield(it)
  }
}
```

每次访问 ints 的下一个元素时，序列生成器就执行内部的逻辑直到遇到 yield，如代码清单 6-33 所示。如果希望在元素之间加个延时怎么办？

代码清单 6-33　序列生成器中不能调用其他挂起函数

```
val ints = sequence {
  (1..3).forEach {
    yield(it)
    delay(1000) // ERROR!
  }
}
```

受 RestrictsSuspension 注解的约束，delay 函数不能在 SequenceScope 的扩展成员中被调用，因而也不能在序列生成器的协程体内调用（参见 3.1.3 节和 4.1.2 节）。

假设序列生成器不受这个限制，调用 delay 函数会导致后续的执行流程的线程发生变化，外部的调用者发现在访问 ints 的下一个元素的时候居然还会有切换线程的副作用。不仅如此，通过指定调度器来限定序列创建所在的线程，同样是不可以的，我们甚至没有办法为它设置协程上下文。

既然序列生成器有这么多限制，我们就有必要认识一下 Flow 了。Flow 的 API 与序列生成器极为相似，如代码清单 6-34 所示。

代码清单 6-34　创建 Flow

```
val intFlow = flow {
  (1..3).forEach {
    emit(it)
    delay(100)
  }
}
```

新元素由 emit 函数提供，Flow 的执行体内部也可以调用其他挂起函数，这样我们就可以在每次提供一个新元素后再延时 100ms 了。

Flow 也可以设定它运行时所使用的调度器：

```
intFlow.flowOn(Dispatchers.IO)
```

通过 flowOn 设置的调度器只对它之前的操作有影响，因此这里意味着 intFlow 的构造逻辑会在 IO 调度器上执行。

最终消费 intFlow 需要调用 collect 函数，这个函数也是一个挂起函数。我们启动一个协程来消费 intFlow，如代码清单 6-35 所示。

代码清单 6-35 消费 Flow

```
GlobalScope.launch(myDispatcher) {
  intFlow.flowOn(Dispatchers.IO)
    .collect { println(it) }
}.join()
```

为了方便区分，我们为协程设置了一个自定义的调度器，它会将协程调度到名叫 MyThread 的线程上，结果如下：

```
[MyThread] 1
[MyThread] 2
[MyThread] 3
```

6.3.2 对比 RxJava 的线程切换

RxJava 也是一个基于响应式编程模型的异步框架，它提供了两个切换调度器的 API，分别是 subscribeOn 和 observeOn，如代码清单 6-36 所示。

代码清单 6-36 RxJava 的调度器切换

```
Observable.create<Int> {
  (1..3).forEach { e ->
    it.onNext(e)
  }
  it.onComplete()
}.subscribeOn(Schedulers.io())
  .observeOn(Schedulers.from(myExecutor))
  .subscribe {
    println(it)
  }
```

其中 subscribeOn 指定的调度器影响前面的逻辑，observeOn 影响后面的逻辑，因此 it.onNext(e) 在它的 io 调度器上执行，而最后的 println(it) 在通过 myExecutor 创建出来的调度器上执行。

Flow 的调度器 API 中看似只有 flowOn 与 subscribeOn 对应，其实不然，还有 collect 函数所在协程的调度器与 observeOn 指定的调度器对应。

在学习和使用 RxJava 的过程中，subscribeOn 和 observeOn 经常被混淆；而在 Flow 中 collect 函数所在的协程自然就是订阅者，它运行在哪个调度器上由它自己指定，非常容易区分。

6.3.3　冷数据流

在一个 Flow 创建出来之后，不消费则不生产，多次消费则多次生产，生产和消费总是相对应的，如代码清单 6-37 所示。

代码清单 6-37　Flow 可以被重复消费

```
GlobalScope.launch(dispatcher) {
  intFlow.collect { println(it) }
  intFlow.collect { println(it) }
}.join()
```

intFlow 就是本节最开始处创建的 Flow，消费它会输出“1,2,3”，重复消费它会重复输出“1,2,3”。

这一点类似于我们前面提到的序列生成器和 RxJava 的例子，它们也都有自己的消费端。我们创建一个序列后去迭代它，每次迭代都会创建一个新的迭代器从头开始迭代。RxJava 的 Observable 也是如此，每次调用它的 subscribe 都会重新消费一次。

所谓冷数据流，就是只有消费时才会生产的数据流，这一点与 Channel 正好相反，Channel 的发送端并不依赖于接收端。

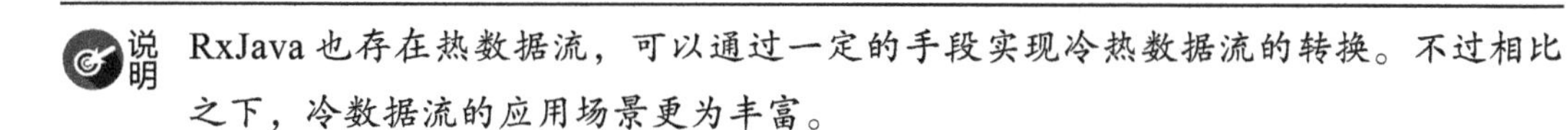

说明　RxJava 也存在热数据流，可以通过一定的手段实现冷热数据流的转换。不过相比之下，冷数据流的应用场景更为丰富。

6.3.4　异常处理

Flow 的异常处理也比较直接，直接调用 catch 函数即可，如代码清单 6-38 所示。

代码清单 6-38　捕获 Flow 的异常

```
flow {
  emit(1)
  throw ArithmeticException("Div 0")
}.catch { t: Throwable ->
  println("caught error: $t")
}
```

我们在 Flow 中抛了一个异常，catch 函数就可以直接捕获到这个异常。如果没有调用 catch 函数，未捕获的异常会在消费时抛出。请注意，catch 函数只能捕获它上游的异常。

如果想要在 Flow 完成时执行逻辑，可以使用 onCompletion：

代码清单 6-39　订阅流的完成

```
flow {
  emit(1)
  throw ArithmeticException("Div 0")
}.catch { t: Throwable ->
  println("caught error: $t")
}.onCompletion { t: Throwable? ->
  println("finally.")
}
```

onCompletion 用起来类似于 try...catch...finally 中的 finally，无论前面是否存在异常，它都会被调用，参数 t 则是前面未捕获的异常。

这套处理机制的设计初衷是确保 Flow 操作中异常的透明。因此，代码清单 6-40 所示写法是违反 Flow 的设计原则的。

代码清单 6-40　命令式的异常处理（不推荐）

```
flow {
  try {
    emit(1)
    throw ArithmeticException("Div 0")
  } catch (t: Throwable){
    println("caught error: $t")
  } finally {
    println("finally.")
  }
}
```

我们在 Flow 操作内部使用 try...catch...finally，这样的写法后续可能会被禁用。

在 RxJava 中还有与 onErrorReturn 类似的操作，如代码清单 6-41 所示。

代码清单 6-41　RxJava 从异常中恢复

```
val observable = Observable.create<Int> {
  ...
}.onErrorReturn {
  println(t)
  10
}
```

上述代码捕获异常后，返回 10 作为下一个值。

我们在 Flow 当中也可以模拟代码清单 6-42 所示的操作。

代码清单 6-42　Flow 从异常中恢复

```
flow {
  emit(1)
  throw ArithmeticException("Div 0")
}.catch { t: Throwable ->
  println("caught error: $t")
  emit(10)
}
```

这里我们可以使用 emit 重新生产新元素。细心的读者一定会发现，emit 定义在 FlowCollector 中，因此只要遇到 Receiver 为 FlowCollector 的函数，我们就可以生产新元素。

说明　onCompletion 预计在协程框架的 1.4 版本中被重新设计，之后它的作用类似于 RxJava 中 Subscriber 的 onComplete，即作为整个 Flow 的完成回调使用，回调的参数也将包含整个 Flow 的未捕获异常，参见 GitHub Issue：Breaking change: Experimental Flow.onCompletion contract for cause #1732（https://github.com/Kotlin/kotlinx.coroutines/pull/1732）。

6.3.5　末端操作符

前面的例子中，我们用 collect 消费 Flow 的数据。collect 是最基本的**末端操作符**，功能与 RxJava 的 subscribe 类似。除了 collect 之外，还有其他常见的末端操作符，它们大体分为两类：

- 集合类型转换操作符，包括 toList、toSet 等。
- 聚合操作符，包括将 Flow 规约到单值的 reduce、fold 等操作；还有获得单个元素的操作符，包括 single、singleOrNull、first 等。

实际上，识别是否为末端操作符，还有一个简单方法：由于 Flow 的消费端一定需要运行在协程中，因此末端操作符都是挂起函数。

6.3.6　分离 Flow 的消费和触发

我们除了可以在 collect 处消费 Flow 的元素以外，还可以通过 onEach 来做到这一点。这样消费的具体操作就不需要与末端操作符放到一起，collect 函数可以放到其他任意位置调用，例如代码清单 6-43 所示。

代码清单 6-43 分离 Flow 的消费和触发

```
fun createFlow() = flow<Int> {
    (1..3).forEach {
      emit(it)
      delay(100)
    }
  }.onEach { println(it) }

fun main(){
  GlobalScope.launch {
    createFlow().collect()
  }
}
```

由此，我们又可以衍生出一种新的消费 Flow 的写法，如代码清单 6-44 所示。

代码清单 6-44 使用协程作用域直接触发 Flow

```
fun main(){
  createFlow().launchIn(GlobalScope)
}
```

其中，launchIn 函数只接收一个 CoroutineScope 类型的参数。

6.3.7 Flow 的取消

Flow 没有提供取消操作，因为并不需要。

我们前面已经介绍了 Flow 的消费依赖于 collect 这样的末端操作符，而它们又必须在协程中调用，因此 Flow 的取消主要依赖于末端操作符所在的协程的状态。Flow 取消相关代码如代码清单 6-45 所示。

代码清单 6-45 Flow 的取消

```
val job = GlobalScope.launch {
  val intFlow = flow {
    (1..3).forEach {
      delay(1000)
      emit(it)
    }
  }

  intFlow.collect { println(it) }
}

delay(2500)
job.cancelAndJoin()
```

在上述代码中，每隔 1000ms 生产一个元素，2500ms 以后协程被取消，因此最后一个元素生产前 Flow 就已经被取消了，输出为：

```
1
▶ 1000ms later
2
```

如此看来，想要取消 Flow 只需要取消它所在的协程即可。

6.3.8　其他 Flow 的创建方式

我们已经知道了 flow{...} 这种形式的创建方式，不过在这当中无法随意切换调度器，这是因为 emit 函数不是线程安全的，代码清单 6-46 所示是错误示例。

代码清单 6-46　不能在 Flow 中直接切换调度器

```
flow { // BAD!!
  emit(1)
  withContext(Dispatchers.IO){
    emit(2)
  }
}
```

想要在生成元素时切换调度器，就必须使用 channelFlow 函数来创建 Flow：

```
channelFlow {
  send(1)
  withContext(Dispatchers.IO) {
    send(2)
  }
}
```

此外，我们也可以通过集合框架来创建 Flow：

```
listOf(1, 2, 3, 4).asFlow()
setOf(1, 2, 3, 4).asFlow()
flowOf(1, 2, 3, 4)
```

6.3.9　Flow 的背压

只要是响应式编程，就一定会有背压问题，先来看看背压究竟是什么。

背压问题在生产者的生产速率高于消费者的处理速率的情况下出现。为了保证数据不丢失，我们也会考虑添加缓冲来缓解背压问题，如代码清单 6-47 所示。

代码清单 6-47 为 Flow 添加缓冲

```
flow {
  List(100) {
    emit(it)
  }
}.buffer()
```

我们也可以为 buffer 指定一个容量。不过，如果只是单纯地添加缓冲，而不是从根本上解决问题，就会造成数据积压。

出现背压问题的根本原因是生产和消费速率不匹配，此时除可直接优化消费者的性能以外，还可以采用一些取舍的手段。

第一种是 conflate。与 Channel 的 Conflate 模式一致，新数据会覆盖老数据，例如代码清单 6-48 所示。

代码清单 6-48 使用 conflate 解决背压问题

```
flow {
  List(100) {
    emit(it)
  }
}.conflate()
.collect { value ->
  println("Collecting $value")
  delay(100)
  println("$value collected")
}
```

我们快速发送了 100 个元素，最后接收到的只有 2 个，当然这个结果不一定每次都一样：

```
Collecting 1
1 collected
Collecting 99
99 collected
```

第二种是 collectLatest。顾名思义，其只处理最新的数据。这看上去似乎与 conflate 没有区别，其实区别很大：collectLatest 并不会直接用新数据覆盖老数据，而是每一个数据都会被处理，只不过如果前一个还没被处理完后一个就来了的话，处理前一个数据的逻辑就会被取消。

还是前面的例子，我们稍作修改，如代码清单 6-49 所示。

代码清单 6-49　使用 collectLatest 解决背压问题

```
flow {
  List(100) {
    emit(it)
  }
}.collectLatest { value ->
  println("Collecting $value")
  delay(100)
  println("$value collected")
}
```

运行结果如下：

```
Collecting 0
Collecting 1
...
Collecting 97
Collecting 98
Collecting 99
▶ 100ms later
99 collected
```

前面的 Collecting 输出了 0~99 的所有结果，而 collected 却只有 99，因为后面的数据到达时，处理上一个数据的操作正好被挂起了（请注意 delay(100)）。

除 collectLatest 之外，还有 mapLatest、flatMapLatest 等，因为作用类似，故不再重复。

6.3.10　Flow 的变换

我们已经对集合框架的变换非常熟悉了，Flow 看上去与集合框架极其类似，这一点与 RxJava 的 Observable 的表现基本一致。

例如我们可以使用 map 来变换 Flow 的数据，如代码清单 6-50 所示。

代码清单 6-50　Flow 的元素变换

```
flow {
  List(5){ emit(it) }
}.map {
  it * 2
}
```

也可以映射成其他 Flow，如代码清单 6-51 所示。

代码清单 6-51　Flow 的嵌套

```
flow {
```

```
  List(5){ emit(it) }
}.map {
  flow { List(it) { emit(it) } }
}
```

实际上我们得到的是一个数据类型为 Flow 的 Flow，如果希望将它们拼接起来，可以使用 flattenConcat，如代码清单 6-52 所示。

代码清单 6-52　拼接 Flow

```
flow {
  List(5){ emit(it) }
}.map {
  flow { List(it) { emit(it) } }
}.flattenConcat()
  .collect { println(it) }
```

在拼接的操作中，flattenConcat 是按顺序拼接的，结果的顺序仍然是生产时的顺序。此外，我们还可以使用 flattenMerge 进行会并发拼接，但得到的结果不会保证顺序与生产是一致。

6.4　多路复用 select

在 UNIX 的 IO 多路复用中，我们应该都接触过 select，其实在协程中，select 的作用也与在 UNIX 中类似。

6.4.1　复用多个 await

我们前面已经接触过很多挂起函数，如果有这样一个场景，两个 API 分别从网络和本地缓存获取数据，期望哪个先返回就先用哪个做展示，实现代码如代码清单 6-53 所示。

代码清单 6-53　本地和网络获取用户信息

```
fun CoroutineScope.getUserFromApi(login: String) = async(Dispatchers.IO){
  githubApi.getUserSuspend(login)
}

fun CoroutineScope.getUserFromLocal(login:String) = async(Dispatchers.IO){
  File(localDir, login).takeIf { it.exists() }
    ?.readText()
    ?.let {
      gson.fromJson(it, User::class.java)
```

```
    }
}
```

不管先调用哪个 API，返回的 Deferred 的 await 都会被挂起，最终得到的结果可能并不是最先返回的，这不符合预期。当然，我们也可以启动两个协程来分别调用 await，不过这样会将问题复杂化。

接下来我们用 select 来解决这个问题，具体代码如代码清单 6-54 所示。

代码清单 6-54　使用 select 复用 await

```
GlobalScope.launch {
  val login = "..."
  val localDeferred = getUserFromLocal(login)
  val remoteDeferred = getUserFromApi(login)

  val userResponse = select<Response<User?>> {
    localDeferred.onAwait { Response(it, true) }
    remoteDeferred.onAwait { Response(it, false) }
  }
  ...
}.join()
```

可以看到，我们没有直接调用 await，而是调用了 onAwait 在 select 中注册了回调，select 总是会立即调用最先返回的事件的回调。如图 6-6 所示，假设 localDeferred.onAwait 先返回，那么 userResponse 的值就是 Response(it, true)，由于我们的本地缓存可能不存在，因此 select 的结果类型是 Response<User?>。

对于这个案例，如果先返回的是本地缓存，那么我们还需要获取网络结果来展示最终结果，如代码清单 6-55 所示。

代码清单 6-55　完整的用户获取逻辑

```
GlobalScope.launch {
  ...
  userResponse.value?.let { println(it) }
  userResponse.isLocal.takeIf { it }?.let {
    val userFromApi = remoteDeferred.await()
    cacheUser(login, userFromApi)
    println(userFromApi)
  }
}.join()
```

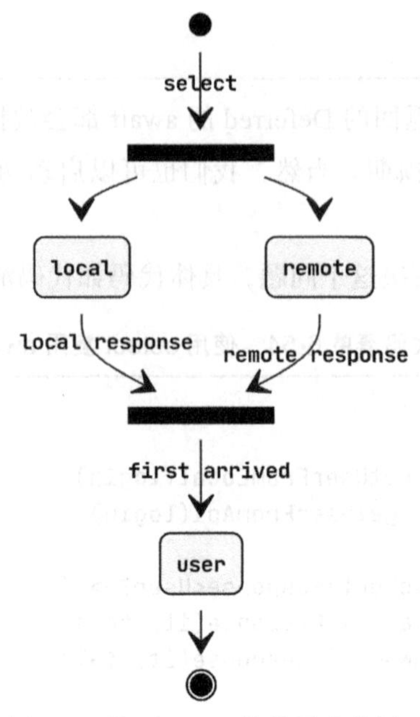

图 6-6　使用 select 等待异步结果

6.4.2　复用多个 Channel

对于复用多个 Channel 的情况，与上一节的复用 await 类似，如代码清单 6-56 所示。

代码清单 6-56　select 复用多个 Channel

```
val channels = List(10) { Channel<Int>() }

GlobalScope.launch {
  delay(100)
  channels[Random.nextInt(10)].send(200)
}

val result = select<Int?> {
  channels.forEach { channel ->
    channel.onReceive { it }
    // OR
    channel.onReceiveOrNull { it }
  }
}
println(result)
```

对于 onReceive，如果 Channel 被关闭，select 会直接抛出异常；而对于 onReceiveOrNull，如果遇到 Channel 被关闭的情况，it 的值就是 null。

6.4.3 SelectClause

我们怎么知道哪些事件可以被 select 呢？其实所有能够被 select 的事件都是 SelectClauseN 类型，包括：

- SelectClause0：对应事件没有返回值，例如 join 没有返回值，那么 onJoin 就是 SelectClauseN 类型。使用时，onJoin 的参数是一个无参函数，如代码清单 6-57 所示。

代码清单 6-57 复用无参数的 join

```
select<Unit> {
  job.onJoin { println("Join resumed!") }
}
```

- SelectClause1：对应事件有返回值，前面的 onAwait 和 onReceive 都是此类情况。
- SelectClause2：对应事件有返回值，此外还需要一个额外的参数，例如 Channel.onSend 有两个参数，第一个是 Channel 数据类型的值，表示即将发送的值；第二个是发送成功时的回调参数。相关代码如代码清单 6-58 所示。

代码清单 6-58 复用两个参数的 send

```
List(100) { element ->
  select<Unit> {
    channels.forEach { channel ->
      channel.onSend(element) { sentChannel ->
        println("sent on $sentChannel")
      }
    }
  }
}
```

onSend 的第二个参数的参数 sentChannal 表示数据成功发送到的 Channel 对象。

因此，如果大家想要确认挂起函数是否支持 select，只需要查看其是否存在对应的 SelectClauseN 类型可回调即可。

6.4.4 使用 Flow 实现多路复用

多数情况下，我们可以通过构造合适的 Flow 来实现多路复用的效果。

6.4.1 节中对 await 的复用方法也可以用 Flow 实现，代码如代码清单 6-59 所示。

代码清单 6-59 使用 Flow 实现对 await 的多路复用

```
coroutineScope {
  val login = "..."
  listOf(::getUserFromApi, ::getUserFromLocal) // ... ①
```

```
        .map { function ->
          function.call(login) // ... ②
        }
        .map { deferred ->
          flow { emit(deferred.await()) } // ... ③
        }
        .merge() // ... ④
        .onEach { user ->
          println("Result: $user")
        }.launchIn(this)
    }
```

在代码清单 6-59 中，①处创建了由两个函数引用组成的 List；②处调用这两个函数得到 deferred；③处比较关键，对于每一个 deferred 我们创建一个单独的 Flow，并在 Flow 内部发送 deferred.await() 返回的结果，即返回的 User 对象。现在有了两个 Flow 实例，我们需要将它们整合成一个 Flow 进行处理，此时调用 merge 函数即可，如图 6-7 所示。

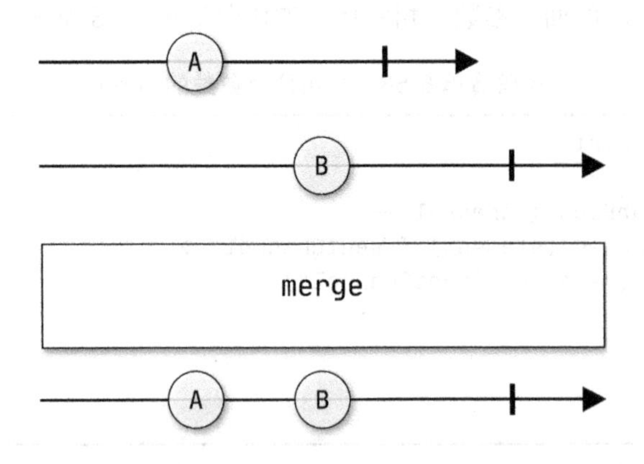

图 6-7　使用 merge 合并 Flow

同样，Channel 的读取复用的场景也可以使用 Flow 来完成。对照代码清单 6-56，我们给出 Flow 的实现版本，如代码清单 6-60 所示。

代码清单 6-60　使用 Flow 实现对 Channel 的复用

```
val channels = List(10) { Channel<Int>() }
...
val result = channels.map {
    it.consumeAsFlow()
  }
  .merge()
  .first()
```

这比使用 select 实现的版本看上去要更简洁明了，每个 Channel 都通过 consumeAsFlow 函数被映射成 Flow，再组合成一个 Flow，取第一个元素。

6.5 并发安全

我们使用线程在解决并发问题的时候总是会遇到线程安全的问题，而 Java 平台上的 Kotlin 协程实现免不了存在并发调度的情况，因此线程安全同样值得留意。

6.5.1 不安全的并发访问

我们看一个简单的并发计数问题，如代码清单 6-61 所示。

代码清单 6-61　不安全的计数

```
var count = 0

List(1000) {
  GlobalScope.launch { count++ }
}.joinAll()

println(count)
```

运行在 Java 平台上，默认启动的协程会被调度到 Default 这个基于线程池的调度器上，因此 count++ 是不安全的，最终的结果也证实了这一点：

```
990
```

不安全的原因主要有以下两点：

- count++ 不是原子操作。
- count 的修改不会立即刷新到主存，导致读写不一致。

解决这个问题我们都有丰富的经验，例如将 count 声明为原子类型，确保自增操作为原子操作，如代码清单 6-62 所示。

代码清单 6-62　确保修改的原子性

```
val count = AtomicInteger(0)

List(1000) {
  GlobalScope.launch {
    count.incrementAndGet()
  }
}.joinAll()
```

```
println(count.get())
```

当然，直接粗暴地加锁也是一种思路，虽然我们都知道这不是一个好的解决方法。

> 说明 Kotlin 官方提供了一套原子操作的封装 kotlinx.atomicfu（https://github.com/kotlin/kotlinx.atomicfu），它的 Java 平台版本是基于 AtomicXXXFieldUpdater 来实现的。atomicfu 其实就是 atomic field updater 的缩写。使用 AtomicXXXFieldUpdater 比直接使用 AtomicReference 在内存上的表现更好。值得一提的是，官方的协程框架内部的状态维护就是基于这个框架实现的。

6.5.2 协程的并发工具

除了我们在线程中常用的解决并发问题的手段之外，协程框架也提供了一些并发安全的工具，包括：

- Channel：并发安全的消息通道，我们已经非常熟悉。
- Mutex：轻量级锁，它的 lock 和 unlock 从语义上与线程锁比较类似，之所以轻量是因为它在获取不到锁时不会阻塞线程而只是挂起等待锁的释放，如代码清单 6-63 所示。

代码清单 6-63 Mutex 使用示例

```
var count = 0
val mutext = Mutex()
List(1000) {
  GlobalScope.launch {
    mutext.withLock {
      count++
    }
  }
}.joinAll()

println(count)
```

- Semaphore：轻量级信号量，信号量可以有多个，协程在获取到信号量后即可执行并发操作。当 Semaphore 的参数为 1 时，效果等价于 Mutex，相关示例如代码清单 6-64 所示。

代码清单 6-64 Semaphore 使用示例

```
var count = 0
```

```
val semaphore = Semaphore(1)
List(1000) {
  GlobalScope.launch {
    semaphore.withPermit {
      count++
    }
  }
}.joinAll()

println(count)
```

与线程相比，协程的 API 在需要等待时挂起即可，因此显得更加轻量，加上它更具表现力的异步能力，只要使用得当，就可以用更少的资源实现更复杂的逻辑。

6.5.3　避免访问外部可变状态

我们前面一直在探讨如何正面解决线程安全的问题，实际上多数时候我们并不需要这么做。我们完全可以想办法规避因可变状态的共享而引发的安全问题，上述计数程序出现问题的根源是启动了多个协程且访问一个公共的变量 count，如果我们能避免在协程中访问可变的外部状态，就基本上不用担心并发安全的问题。

如果我们编写函数时要求它不得访问外部状态，只能基于参数做运算，通过返回值提供运算结果，这样的函数不论何时何地调用，只要传入的参数相同，结果就保持不变，因此它就是可靠的，这样的函数也被称为**纯函数**。我们在设计基于协程的逻辑时，应当尽可能编写纯函数，以降低程序出错的风险。

前面计数的例子的目的是在协程中确定数值的增量，那么我们完全可以改造成代码清单 6-65 所示的样子。

代码清单 6-65　避免并发修改外部变量

```
val count = 0

val result = count + List(1000) {
  GlobalScope.async { 1 }
}.map {
  it.await()
}.sum()

println(result)
```

其中，var count 被改为 val count，直接在协程内部访问外部 count 实现自增被改为返回增量结果。

你可能会觉得这个例子过于简单，然而实际情况也莫过于此。

总而言之，**如非必须，则避免访问外部可变状态；如无必要，则避免使用可变状态。**

6.6 本章小结

本章我们介绍了官方协程框架的功能特性，这一章的内容实践性较强，相比之下更偏重应用，相信有不少读者已经跃跃欲试了。在接下来的几章中，我们将结合一些更加具体的应用场景来探讨协程的应用。

第 7 章 Chapter 7

Kotlin 协程在 Android 上的应用

我们已经花了大量的精力来介绍 Kotlin 协程的特性和用法，接下来要解决的问题是结合更加实际的开发场景探讨协程的运用。

本章主要探讨如何在 Android 的开发实践中发挥协程的作用，所探讨的内容思路同样也适用于其他 UI 平台的应用开发。

7.1 Android 上的异步问题

在探讨 Kotlin 协程在 Android 开发中的实践之前，需要先剖析一下 Android 应用开发中需要面临的异步问题及常见的解决方法。

7.1.1 基于 UI 的异步问题分析

在 Android 中，我们的大多数逻辑是围绕 UI 展开的，它实际上也代表了一类 UI 应用，包括 JavaFx、Swing 等。UI 系统通常是一个单线程的“死循环”，这个线程就是我们通常提到的 **UI 线程**或者**主线程**。

单线程的优势就是程序设计相对简单，纯计算类的程序对于单核 CPU 的使用效率非常高。劣势就是耗时的 I/O 操作会导致 UI 迟滞甚至卡死，因此我们会将 I/O 操作切换到后台线程上运行，然后通过回调来等待结果的返回。这样做导致的问题通常就是程序复杂度的增加，回调地狱时有发生。切换线程并不是异步的必要条件，我们经常用到的 handler.post{} 也是异步调用，虽然没有切换线程，但它同样因为调用栈的切换而一定程度上影响了我们对于逻辑执行的把控。

最早的时候，我们主要依靠线程池来将 I/O 操作切换到后台线程，如代码清单 7-1 所示。

代码清单 7-1 使用线程池切换线程

```
val executor = BackgroundManager.getExecutor()
executor.submit {
  ... // IO 操作
}
```

运行完之后，我们再用 handler.post{} 切换回 UI 线程，并完成 UI 的展示，流程如图 7-1 所示，见代码清单 7-2。

代码清单 7-2 使用 Handler 切换到 UI 线程

```
executor.submit {
  val user = ...
  handler.post {
    textView.text = user.description
  }
}
```

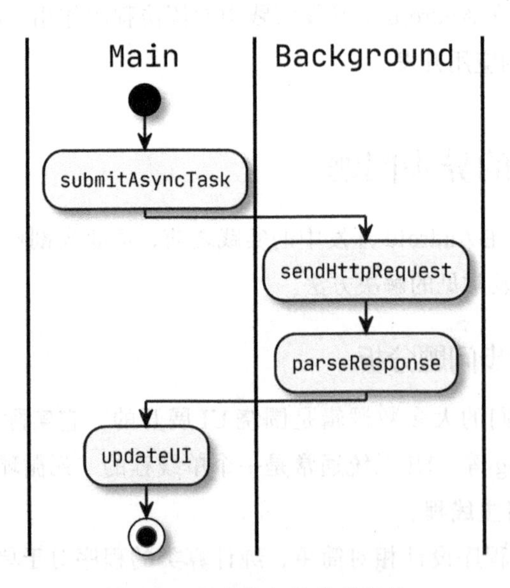

图 7-1 异步任务的线程切换

这大概也是十年前我刚开始接触 Android 开发时非常常见的写法。

7.1.2 “鸡肋”的 AsyncTask

为了解决这个问题，Android SDK 很早就提供了 AsyncTask，它的用法如代码清单 7-3 所示。

代码清单 7-3　使用 AsyncTask 实现图片下载

```
class ImageAsyncTask : AsyncTask<String, Int, List<Bitmap>>() {
  override fun doInBackground(vararg params: String): List<Bitmap> {
    return params.mapIndexed { index, url ->
      publishProgress(index * 100 / params.size)
      ImageManager.getBitmapSync(url)
    }.also { publishProgress(100) }
  }

  override fun onPostExecute(result: List<Bitmap>) {
    // 更新结果
  }

  override fun onProgressUpdate(vararg values: Int?) {
    // 更新进度
  }
}
```

ImageAsyncTask 是用来获取图片的，支持批量发送 HTTP 请求，因此 doInBackground 函数的 params 是一个变长参数；doInBackground 被切换到后台线程执行，它的返回值就是异步任务的结果，我们可以通过在 UI 线程被调用的 onPostExecute 来获得这个结果；同时，我们可以通过 publishProgress 来通知进度，通过同样是运行在 UI 线程上的 onProgressUpdate 来获取进度。

客观地说，这已经是一个很大的进步了：线程切换已经安排妥当，我们只需做“填空题”即可。不过问题也是显而易见的，获取结果和进度的两个函数都在 AsyncTask 的内部，我们几乎总是需要为每一种任务类型创建一个特定的子类，同时为了访问 UI 方便，这个子类也经常被定义为 Activity 的内部类，导致 UI 与数据获取逻辑耦合严重。

7.1.3 “烫手”的回调

回调是个好东西，如果我们把前面的 ImageAsyncTask 里面两个处理结果的函数转换成回调，那么与 UI 的耦合问题就得到了解决，如代码清单 7-4 所示。

代码清单 7-4　为 AsyncTask 添加回调实现解耦

```
class ImageAsyncTaskWithCallback(
```

```
    private val onProgress: ((Int) → Unit)? = null,
    private val onComplete: ((Bitmap) → Unit)? = null
) : AsyncTask<String, Int, List<Bitmap>>() {

    override fun doInBackground(vararg params: String): List<Bitmap> {
      return params.mapIndexed { index, url →
        publishProgress(index * 100 / params.size)
        ImageManager.getBitmapSync(url)
      }.also { publishProgress(100) }
    }

    override fun onPostExecute(result: List<Bitmap>) {
      onComplete?.let(result::forEach)
    }

    override fun onProgressUpdate(vararg values: Int?) {
      values[0]?.let { onProgress?.invoke(it) }
    }
}
```

使用的方法也很简单，如代码清单 7-5 所示。

代码清单 7-5　回调版的 AsyncTask 的使用

```
ImageAsyncTaskWithCallback(onComplete = { bitmap →
  logoView.setImageBitmap(bitmap)
}).execute("https://some_pictures.png")
```

参数为图片的 URL，请求完成后，我们可以构造一个 Bitmap 对象并予以展示。这样看起来已经比 AsyncTask 最初的样子好很多了。

回调本身解决了很多问题，它实现了内部的异步逻辑和外部的调用逻辑的完美解耦，因此也得到了广泛的应用。不过回调也存在问题。

- 多层次的回调嵌套很容易导致代码复杂度的急剧上升，即所谓的“回调地狱”。
- 代码仍然是异步的形式，异常、取消、循环等逻辑的实现较为困难。

7.1.4 “救世”的 RxJava

正当我们饱受异步回调的摧残时，RxJava 的出现曾让我们如沐春风。它能够一定程度上解决“回调地狱”的问题，并且通过它的变换（transform）可以相对灵活地实现异步逻辑的组合、映射等操作，它也因此得以迅速火遍大江南北。

我们现在需要实现一个下载的 API，下载时还需要根据下载的进度刷新 UI。我们先定义几个状态用于描述下载过程，如代码清单 7-6 所示。

代码清单 7-6　下载状态

```
sealed class DownloadStatus {
  object None : DownloadStatus()
  class Progress(val value: Int) : DownloadStatus()
  class Error(val throwable: Throwable) : DownloadStatus()
  class Done(val file: File) : DownloadStatus()
}
```

这意味着，下载过程中会不断有 Progress 状态发送出来，下载过程的最终结果只有 Done 或者 Error，如代码清单 7-7 所示。

代码清单 7-7　RxJava 版下载函数的完整实现

```
fun download(url: String, fileName: String): Flowable<DownloadStatus> {
  val file = File(downloadDirectory, fileName)
  return Flowable.create<DownloadStatus> ({
    val request = Request.Builder().url(url).get().build()
    val response = okHttpClient.newCall(request).execute()
    if (response.isSuccessful) {
      response.body()!!.let { body ->
        val total = body.contentLength()
        file.outputStream().use { output ->
          val input = body.byteStream()
          var emittedProgress = 0L
          input.copyTo(output) { bytesCopied ->
            val progress = bytesCopied * 100 / total
            if (progress - emittedProgress > 5) {
              it.onNext(DownloadStatus.Progress(progress.toInt()))
              emittedProgress = progress
            }
          }
          input.close()
        }
        it.onNext(DownloadStatus.Done(file))
      }
    } else {
      throw HttpException(response)
    }
    it.onComplete()
  }, BackpressureStrategy.LATEST).onErrorReturn {
    file.delete()
    DownloadStatus.Error(it)
  }
}
```

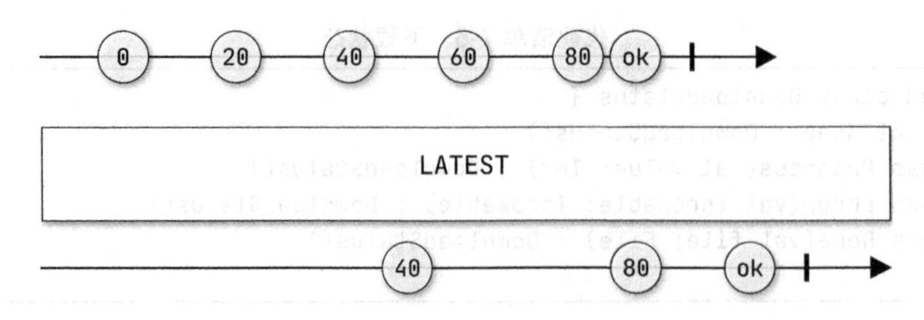

图 7-2 RxJava 实现的下载函数的运行效果

我们使用 RxJava 中的 Flowable 来完成下载的过程如图 7-2 所示，发送的状态采用 LATEST 的背压策略，因为新状态总是会令旧状态失效。在下载的过程中，我们通过 copyTo 这个函数来复制数据流，同时也可以轻松地获取到下载的进度，它的具体实现不复杂，读者可以尝试自行完成。

有了 Flowable 这个利器，我们还可以在需要的时候取消任务，如代码清单 7-8 所示。

代码清单 7-8 下载任务的取消

```
val disposable = download(...).subscribe {
  ...
}
...
// 取消下载任务
disposable.dispose()
```

也可以切换线程，如代码清单 7-9 所示。

代码清单 7-9 任务执行线程的切换

```
download(...)
// 下载任务切换到后台线程
.subscribeOn(Schedulers.io())
// 事件消费切换到 UI 线程
.observeOn(AndroidSchedulers.mainThread())
.subscribe {
  ...
}
```

我们还可以通过它的 map、flatMap 等变换来实现数据流的映射，通过 retryWhen 来实现重试，通过 delay 实现延时等。

可惜的是，想要理解它的变换并不是一件轻松的事，随着对它的了解的加深，你还会发现它实际上是让人闻风丧胆的函数式编程思想（Functional Programming）的应用，我们熟知的 Observable 其实就是一个 Monad。基于此，我们也有理由相信不少人并没有真正掌握RxJava。

于是令人咋舌的事情发生了，RxJava在火了一段时间之后，彻底沦为一个线程切换的工具，很多人甚至以为它只是一个线程框架，以至于有同行发文建议大家不要用它了（参见“我为什么不再推荐RxJava”：https://juejin.im/post/scdO4b6e5188255Oe53fdfa2）。

RxJava非常优秀，它解决了不少简单回调无法直接解决的问题。合理运用RxJava可以减少回调的层次，并在一定程度上降低程序的复杂度。如果项目中存在客观原因而无法使用Kotlin协程，我个人仍然是推荐使用RxJava来解决异步问题的。

当然，RxJava无法彻底消除回调，但这也本不应该是一个框架能够做到的。

7.2 协程对UI的支持

想要使用协程来解决Android应用开发中的异步问题，关键之处在于如何将协程的运行与UI的渲染结合起来。

7.2.1 UI调度器

在Android中使用协程框架，除协程框架的核心模块以外，还需要引入以下依赖：

```
org.jetbrains.kotlinx:kotlinx-coroutines-android:1.3.3
```

它提供了Dispatchers.Main在Android上的实现，具体使用方法如代码7-10所示。

代码清单7-10 启动调度到UI线程上的协程

```
button.setOnClickListener {
  GlobalScope.launch(Dispatchers.Main) {
    ... // 调度到 UI 线程上
  }
}
```

这里调度到UI的问题解决了，不过我们还需要把协程与UI的生命周期关联起来，避免内存泄露。

框架中还有一个函数MainScope，它可以创建一个基于UI调度器的主从作用域，因此我们也可以这样使用它，如代码清单7-11所示。

代码清单7-11 将协程作用域与UI的生命周期绑定到一起

```
class ScopedActivity:  AppCompatActivity(){

  private val mainScope by lazy { MainScope() }
```

```
    override fun onCreate(savedInstanceState: Bundle?) {
        super.onCreate(savedInstanceState)
        setContentView(R.layout.activity_scoped)

        button.setOnClickListener {
            mainScope.launch {
                ... // 调度到 UI 线程
            }
        }
    }

    override fun onDestroy() {
        super.onDestroy()
        // 用完销毁
        mainScope.cancel()
    }
}
```

我们注意到，作用域的好处就是可以方便地绑定到 UI 组件的生命周期上，在 Activity 销毁的时候直接取消，所有该作用域启动的协程就会被取消。

7.2.2 协程版 AutoDispose

尽管我们有了作用域就可以实现协程与 UI 的关联，不过在每个 Activity 或者 Fragment 中手动创建一个 MainScope 似乎并不是什么好办法。

RxJava 同样面临这样的问题，最初不少开发者的做法就是用一个 List 持有所有的任务，在 UI 销毁时遍历这个 List 并取消任务。这个做法虽然有效，但是实在笨拙，于是 Uber 的开发者给出了一个更加高明的方案 AutoDispose（https://github.com/uber/AutoDispose）。使用这个框架可以方便地将异步任务绑定到 View 上，当 View 从窗口上被移除的时候立即取消对应的任务。

我们也按照这个思路来优化我们的协程，希望在创建协程以后调用 asDisposable 就可以实现这个功能。改造后的效果如代码清单 7-12 所示。

代码清单 7-12 自动取消的协程

```
button.setOnClickListener {
    GlobalScope.launch(Dispatchers.Main) {
        ... // 调度到 UI 线程上
    }.asAutoDisposable(it)
}
```

注意，我们将创建的协程绑定到了 OnClickListener 的 onClick 的参数 it（也就是

button）上。

asAutoDisposable 实际上创建了一个新的 Job，这一点与 Uber 的 AutoDispose 的做法类似。可以想到，AutoDisposableJob 实际上就是完成绑定 UI 的实现类，如代码清单 7-13 所示。

代码清单 7-13　通过监听 View 的事件实现自动取消

```
fun Job.asAutoDisposable(view: View) = AutoDisposableJob(view, this)

class AutoDisposableJob(
  private val view: View,
  private val wrapped: Job
): Job by wrapped, OnAttachStateChangeListener {
  override fun onViewAttachedToWindow(v: View?) = Unit

  override fun onViewDetachedFromWindow(v: View?) {
    cancel()
    view.removeOnAttachStateChangeListener(this)
  }

  private fun isViewAttached() =
      Build.VERSION.SDK_INT >= Build.VERSION_CODES.KITKAT &&
        view.isAttachedToWindow ||
        view.windowToken != null

  init {
    if(isViewAttached()) {
      view.addOnAttachStateChangeListener(this)
    } else {
      cancel()
    }

    invokeOnCompletion {
      view.post {
        view.removeOnAttachStateChangeListener(this)
      }
    }
  }
}
```

自动取消的关键就是这个 OnAttachStateChangeListener 了，大家一看便知。当 View 被移除时，这个 View 的生命周期通常也就结束了，因此我们就可以将所有有关的协程都取消掉。

这个小功能在项目 kotlin-coroutines-android（https://github.com/enbandari/kotlin-coroutines-android）中开源，大家可以在自己的工程中添加以下依赖来使用它：

```
com.bennyhuo.kotlin:coroutines-android-autodisposable:1.0
```

7.2.3 Lifecycle 的协程支持

Android 官方对于协程的支持也是非常积极的。

KTX 为 Jetpack 的 Lifecycle 相关组件都提供了已经绑定了 UI 生命周期的作用域供我们直接使用，添加 Lifecycle 相应的基础组件之后，再添加以下组件即可：

```
androidx.lifecycle:lifecycle-runtime-ktx:2.2.0
```

lifecycle-runtime-ktx 提供了 LifecycleCoroutineScope 类及其获得方式，例如我们可以直接在 MainActivity 中使用 lifecycleScope 来获取这个实例，见代码清单 7-14 所示。

代码清单 7-14 使用 lifecycleScope 来创建协程

```
class MainActivity : AppCompatActivity() {
  override fun onCreate(savedInstanceState: Bundle?) {
    super.onCreate(savedInstanceState)
    setContentView(R.layout.activity_main)

    button.setOnClickListener {
      lifecycleScope.launch {
        ... // 执行协程体
      }
    }
  }
}
```

这当然是因为 MainActivity 的父类实现了 LifecycleOwner 这个接口，而 lifecycleScope 则正是它的扩展成员。

如果想要在 ViewModel 中使用作用域，我们需要再添加以下依赖：

```
androidx.lifecycle:lifecycle-viewmodel-ktx:2.2.0
```

使用方法类似代码清单 7-15。

代码清单 7-15 使用 viewModelScope 创建协程

```
class MainViewModel : ViewModel() {
  fun fetchData() {
    viewModelScope.launch {
      ... // 执行协程体
    }
  }
}
```

ViewModel 的作用域会在它的 clear 函数调用时取消。

7.3　常见框架的协程扩展

如果我们想要运用协程来改造程序，除了官方的支持还是不够的，官方只能帮我们创建协程，而问题的关键在于如何用协程来实现我们的需求。

7.3.1　RxJava 的扩展

如果大家的程序已经用 RxJava 改造过了，那么想要引入协程并不是什么难事。

RxJava 的 Flowable 与协程的 Flow 可以直接互转，想要做到这一点，我们只需要添加协程的官方框架的组件：

```
org.jetbrains.kotlinx:kotlinx-coroutines-reactive:1.3.3
```

Flowable 本身实现了 Publisher 接口，因此可以直接使用代码清单 7-16 的方式转换。

代码清单 7-16　RxJava 的 Flowable 转换为协程的 Flow

```
Flowable.create<Int>({ emitter ->
   ...
}, BackpressureStrategy.LATEST)
  .asFlow()
```

其中，asFlow 是 Publisher 接口的扩展。类似地，Flow 也可以通过 asPublisher 转成 Publisher。

我们还可以直接添加以下依赖获得更多的功能：

```
org.jetbrains.kotlinx:kotlinx-coroutines-rx2:1.3.3
```

它提供了将 Flow 直接转换为 Flowable 或者 Observable 的扩展函数。此外，它还提供了用协程的方式构造 RxJava 对象的 API，如代码清单 7-17 所示。

代码清单 7-17　通过协程创建 RxJava 的 Flowable

```
rxFlowable {
  repeat(10){
    send(it)
  }
}.subscribe{
  println(it)
}
```

rxFlowable 创建了一个 Flowable 对象，但它的参数却是一个 Receiver 为 ProducerScope

的协程体，因此它与我们调用 CoroutineScope.produce{...} 一样，可在其中直接通过 send 这个挂起函数来发送数据。类似的还有 rxObservable、rxSingle 等。

框架中提供的功能不止这些，篇幅所限不在此一一列举，若要了解更多，请参见 kotlinx.coroutines/kotlinx-coroutines-rx2（https://github.com/kotlin/kotilinx.coroutines/blob/master/reactive/kotlinx-coroutines-rx2/readme.md）。

从 RxJava 迁移到协程的过程中，以上相互转换的能力会让整个过程比较平滑。不难发现，从某些角度来看，二者的设计也极为相似，我们可以轻松地用协程的 Flow 基于类似的思路重写用 RxJava 编写的逻辑。同样以下载为例，使用 Flow 重写的结果如下，代码清单 7-18 所示。

代码清单 7-18　协程的 Flow 版本下载函数的完整实现

```
fun download(url: String, fileName: String): Flow<DownloadStatus> {
  val file = File(downloadDirectory, fileName)
  return flow {
    val request = Request.Builder().url(url).get().build()
    val response = okHttpClient.newCall(request).execute()
    if (response.isSuccessful) {
      response.body()!!.let { body ->
        val total = body.contentLength()
        file.outputStream().use { output ->
          val input = body.byteStream()
          var emittedProgress = 0L
          input.copyTo(output) { bytesCopied ->
            val progress = bytesCopied * 100 / total
            if (progress - emittedProgress > 5) {
              emit(DownloadStatus.Progress(progress.toInt()))
              emittedProgress = progress
            }
          }
          input.close()
        }
        emit(DownloadStatus.Done(file))
      }
    } else {
      throw HttpException(response)
    }
  }.catch {
    file.delete()
    emit(DownloadStatus.Error(it))
  }.conflate()
}
```

我们发现只需要将 it.onNext 替换为 emit，onErrorReturn 替换为 catch，背压策略 LASTEST 等价地用 conflate 来代替，逻辑的主体并未发生实质性的变化。

可以说，在熟悉了协程的工作机制之后，从 RxJava 向协程迁移是非常容易的。

7.3.2　异步组件 ListenableFuture

在过去使用回调设计 API 时，不同的业务需求场景差异较大，因此回调的设计也是层出不穷。为了统一回调的 API 设计，Jetpack 中提供了一个从 Guava 中移植出来的组件 concurrent-futures，添加以下依赖即可使用：

```
androidx.concurrent:concurrent-futures:1.0.0
```

这个组件提供了 ListenableFuture，我们可以使用 CallbackToFutureAdapter 的 getFuture 函数将任意类型的回调转换成一个 ListenableFuture 实例，方便统一 API 的设计风格，如代码清单 7-19 所示。

代码清单 7-19　将任意回调转换为 ListenableFuture

```
val listenableFuture = CallbackToFutureAdapter.getFuture<GitUser> {
  completer ->
  val call = gitHubServiceApi.getUserCallback(userLogin)
  completer.addCancellationListener(
    Runnable { call.cancel() }, DirectExecutor.INSTANCE
  )
  call.enqueue(object : Callback<GitUser> {
    override fun onFailure(call: Call<GitUser>, t: Throwable) {
      completer.setException(t)
    }

    override fun onResponse(
      call: Call<GitUser>,
      response: Response<GitUser>
    ) {
      if (!response.isSuccessful) {
        completer.setException(HttpException(response))
      } else {
        response.body()?.let(completer::set)
          ?: completer.setException(NullPointerException())
      }
    }
  })
}
```

这是一个将 Retrofit 的 Callback 风格的 API 转换成 ListenableFuture 的例子，它的写

法与我们熟悉的回调转协程的写法如出一辙。ListenableFuture 比 Future 优越的地方主要体现在它支持注册完成回调，而无须像 Future 那样直接调用 get 然后只能阻塞等待。

当然，从碎片化的回调设计到统一的回调设计并不是重点。重点是你既然可以转换别人，我自然也就可以转换你，你可以转换任意回调，所以只要我支持你，就等同于支持了几乎所有的回调。

KTX 的设计者们想必正是洞察了这一点，他们为 ListenableFuture 添加了一个 await 扩展就完成了回调向协程 API 的转换：

```
val gitUser = listenableFuture.await()
```

使用这个功能需要引入以下依赖：

```
androidx.concurrent:concurrent-futures-ktx:1.1.0-alpha01
```

7.3.3 ORM 框架 Room

Room 是 Jetpack 中的 ORM 框架，它提供了对事务的支持及 DAO 的生成机制等能力，主要用来简化 Android 中对 SQLite 的访问。我们以代码清单 7-20 为例。

代码清单 7-20 user 表的实体类

```
@Entity(tableName = "user", primaryKeys = ["id"])
data class User(
  @ColumnInfo(name="id") val id: Long,
  @ColumnInfo(name="name") val name: String,
  @ColumnInfo(name="age") val age: Int)
```

我们定义一个 User 类来对应数据库的 user 表，再定义一个 UserDao 接口来提供操作数据库的能力，如代码清单 7-21 所示。

代码清单 7-21 user 表的访问类

```
@Dao
interface UserDao {
  @Insert
  suspend fun insert(user: User)

  @Query("SELECT * from user")
  fun listUsers(): List<User>
}
```

UserDao 的实现类不需要开发者自己定义，编译时 Room 会使用注解处理器自动生成。由于数据库读写是 I/O 操作，可能会阻塞，因此 UserDao 的函数不能在 UI 线程上运行。

请注意，insert 和 listUsers 这两个接口函数声明的不同：insert 是挂起函数，listUsers 则不是，这自然就表明前者是非阻塞 API，后者是阻塞 API。Room 支持挂起函数，对于可挂起的接口函数，生成的实现与普通函数是不同的，如代码清单 7-22、7-23 所示。

代码清单 7-22　可挂起的 insert 函数的实现

```
@Override
public Object insert(final User user, final Continuation<? super Unit> p1) {
  return CoroutinesRoom.execute(__db, true, new Callable<Unit>() {
    @Override
    public Unit call() throws Exception {
      ... // 真正的插入逻辑
    }
  }, p1);
}
```

代码清单 7-23　listUsers 函数的实现

```
@Override
public List<User> listUsers() {
  final String _sql = "SELECT * from user";
  ...
  final Cursor _cursor = DBUtil.query(__db, _statement, false, null);
  try {
    final List<User> _result = new ArrayList<User>(_cursor.getCount());
    while(_cursor.moveToNext()) {
      ...
      _result.add(_item);
    }
    return _result;
  } finally {
    _cursor.close();
    _statement.release();
  }
}
```

我们发现在 insert 的实现中，Room 已经帮我们切换到了后台线程，避免了阻塞调用时所在的线程，而 listUsers 则直接调用，因此需要调用者自行处理线程切换，避免阻塞当前线程。

7.3.4　图片加载框架 coil

我们再来看看非常常见的图片加载。我们非常清楚图片加载既涉及本地文件的读写，也涉及远程服务的请求，因此支持可挂起的图片加载也是必要的。

coil 框架（https://github.com/coil-kt/coil）提供了丰富的图片加载所必需的能力，同时它还提供了完善的可挂起的图片加载 API。使用之前，先添加以下依赖：

```
io.coil-kt:coil:0.9.1
```

如果我们希望加载一张图片，可以直接使用代码清单 7-24 的方法。

代码清单 7-24　使用 coil 下载图片

```
lifecycleScope.launch {
  val drawable = Coil.get("https://some_url.com/image.png")
  ... // 使用这张图片
}
```

get 是一个挂起函数，它为我们隐藏了后台加载的细节。

我们想要直接将一张图片加载到一个 ImageView 中，可以使用 ImageView 的扩展函数 load，它的返回值的 await 函数是一个挂起函数，如代码清单 7-25 所示。

代码清单 7-25　ImageView 加载图片的扩展函数

```
lifecycleScope.launch {
  imageView.load("...").await()
}
```

通过使用 coil 框架，我们可以在协程的运行环境中更轻松地处理图片加载的问题。

7.3.5　网络框架 Retrofit

Retrofit（https://gihub.com/square/retrofit）是最早一批开始支持 Kotlin 协程的框架，这与它的主要贡献者 Jake Wharton 有很大的关系。Jake Wharton 是最早的 Kotlin 开发者和社区贡献者之一，目前在 Google 从事 Android 系统框架的 Kotlin 相关开发工作。

Jake Wharton 最早试图通过编写 retrofit2-kotlin-coroutines-adapter（https://github.com/JakeWharton/retrofit2-kotlin-coroutimes-adapter）来提供网络请求的结果类型对 Deferred 类型的支持，不过因为 Deferred 在创建时无法获取到外部的作用域，导致自身被迫成为根协程而无法响应外部协程的取消，最终这个方案被放弃，详情请参见 Issue#32: Cancelling a Job, doesn't cancel the call（https://github.com/JakeWharton/retrofit2-kotlin-coractines-adapter/issues/32）。

后来随着协程的逐步成熟，他们直接为 Retrofit 提供了内置的协程方案，主要有两种方式：一种是直接支持挂起函数，另一种就是为原有的 Call 类型添加 await 等类似的扩展以将其转换成挂起函数（这个思路也是大多数框架的选择）。

因此，在定义接口时，可以直接定义挂起函数，如代码清单 7-26 所示。

代码清单 7-26　挂起函数的接口定义

```
interface GitHubServiceApi {
  @GET("users/{login}")
  suspend fun getUserSuspend(@Path("login") login: String): GitUser
}
```

也可以仍然使用 Call 作为返回值的类型，如代码清单 7-27 所示。

代码清单 7-27　常规的接口函数定义

```
interface GitHubServiceApi {
  @GET("users/{login}")
  fun getUserCallback(@Path("login") login: String): Call<GitUser>
}
```

使用时再调用 await 转换成协程即可：

```
val gitUser = gitHubServiceApi.getUserCallback("bennyhuo").await()
```

7.3.6　协程风格的对话框

前面探讨的主要是以切换到后台线程为目的的异步操作，但我们清楚地知道异步不一定要切换线程，关键是要切换函数调用栈。

对话框就是这样一个例子。作为一个 UI 组件，对话框必须运行在 UI 线程上，却因为需要等待用户操作而提供了诸如取消、确认等回调，这些同样可以用协程来简化，如下代码清单 7-28 所示。

代码清单 7-28　协程版的对话框

```
suspend fun Context.alert(title: String, message: String): Boolean =
  suspendCancellableCoroutine {
    continuation ->
    AlertDialog.Builder(this)
      .setNegativeButton("No"){ dialog, which ->
        dialog.dismiss()
        continuation.resume(false)
      }.setPositiveButton("Yes"){
        dialog, which ->
        dialog.dismiss()
        continuation.resume(true)
      }.setTitle(title)
      .setMessage(message)
      .setOnCancelListener {
```

```
        continuation.resume(false)
      }.create()
      .also { dialog ->
        continuation.invokeOnCancellation {
          dialog.dismiss()
        }
      }.show()
  }
```

我们定义一个 alert 函数，它会创建一个对话框，在对话框被确认、取消、否决等情况下返回一个 Boolean 类型作为返回值。这个回调转协程的写法非常简单，如代码清单 7-29 所示。

代码清单 7-29　协程版的对话框的使用

```
lifecycleScope.launch {
  val myChoice = alert("Warning!", "Do you want this?")
  toast("My choice is: $myChoice")
}
```

我们直接在协程中调用这个函数就可以挂起当前的调用流程，当用户操作时，将用户的行为转换为 Boolean 类型的结果返回。如果用户点击确认按钮，myChoice 的值就是 true。

这个例子主要是为了进一步说明异步与切换线程的关系。一旦线程发生切换，那么函数调用栈必然切换，自然就产生了异步操作，而异步不一定需要切换线程，因此切换线程是异步的充分不必要条件。这一点一定不能混淆。

延伸　类似的功能在 Splitties（https://github.com/Louis CAD/Splitties）这个项目中也有提供。Splitties 框架由社区开发者维护，官方框架 Anko 中绝大多数的功能都可以在其中找到，因而也被开发者当作 Anko 停止维护之后的替代框架。

7.4　本章小结

本章主要以 Android 应用开发为背景，介绍了实践过程中常见的异步逻辑的实现方法，以及如何在 Android 开发中逐步将协程投入生产的思路和方法。本章内容实践性较强，请读者多动手实践以加深对协程的认识。

第8章 Chapter 8

Kotlin 协程在 Web 服务中的应用

不同于以 Android 为代表的客户端程序的 UI 线程与后台线程的矛盾，Web 服务架构设计的主要矛盾往往在日益增长的用户量与有限的服务资源之间。

8.1 多任务并发模型

抛开服务不谈，CPU 就是稀缺资源。一台计算机启动后，有成千上万个程序在运行，而 CPU 通常只有几个内核，因此操作系统在设计的过程中就要考虑 CPU 该如何调度，进而引出进程、线程这样的概念，它们就是用来调度以 CPU 为主的计算资源的基本单位。只要有用户通过网络端口接入，服务器就需要为其分配对应的计算资源以提供服务。

8.1.1 多进程的服务模型

如果我们把每一个接入的用户都看做一个任务，那么每一个用户就很自然地可以对应到一个进程。单独启动一个进程来提供服务是早期很多服务器的做法，例如使用 PHP 开发 Web 服务时，通常会使用 Apache HTTP 服务器来部署服务，不过由于同时要使用一些不兼容 Apache HTTP 服务器的多线程模型的模块，因此通常也只好使用多进程模型来提供服务。

多进程模型即服务器用子进程为请求提供服务，每一个请求独占一个子进程，如图 8-1 所示。由于进程不仅隔离了 CPU 的使用，也隔离了内存等资源，因此多进程的服务模型通常会消耗更多的资源。

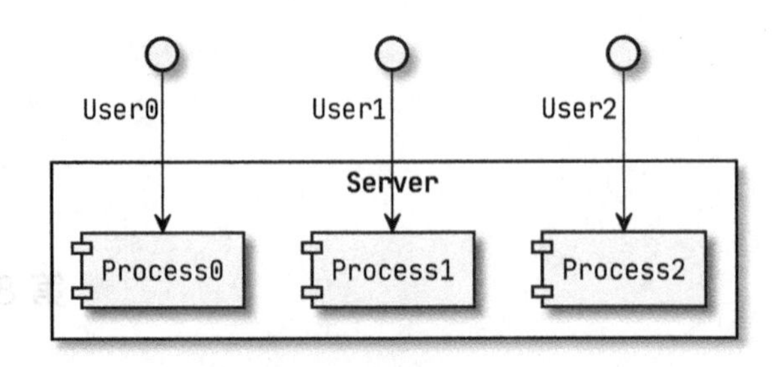

图 8-1 多进程服务模型

8.1.2 多线程的服务模型

线程和进程相比更轻量，线程之间可以共享所在进程的内存等资源，最为明显的就是对程序自身、内存缓存等内存数据的共享。Java 开发者比较熟悉的 Tomcat 就是多线程模型提供服务的实现，它在启动之后会维护一个线程池来提供服务。如图 8-2 所示，多线程的服务模型通常会使用独占线程的方式为用户提供服务，一个进程中可以创建多个线程，一台服务器上又可以创建多个进程。

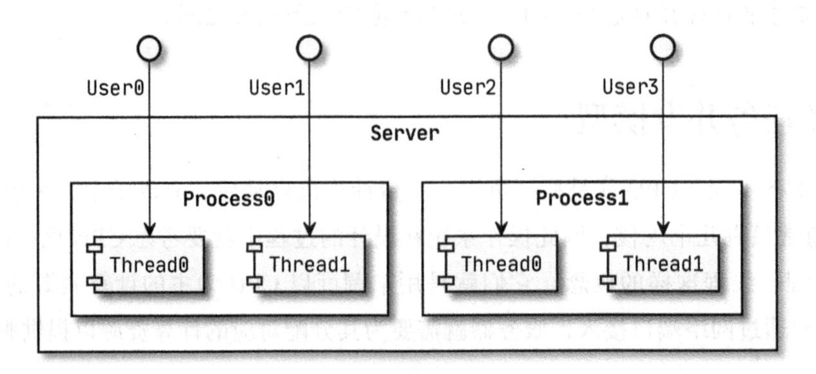

图 8-2 多线程服务模型

尽管线程在资源消耗上的表现已经比进程更优秀，但每个线程创建之后还是会有一定的内存开销，其中最主要的就是来自于函数调用栈，虽然多数 Java 虚拟机的实现已经将这个值从默认的 1MB 减少到 256KB，不过这个开销仍然限制了线程模型的用户并发数。同时，由于当用户较多时，线程之间不断切换会导致线程上下文切换的开销增加，进而导致 CPU 资源的浪费。

8.1.3 事件驱动与异步 I/O

不管是多进程还是多线程，我们本质上都是要为用户分配一个 CPU 资源的调度单位，让服务的程序有运行的机会。运行的过程中不一定都需要 CPU 参与，例如 I/O 操作时，数据读写的过程由 DMA 完成，整个过程中 CPU 消耗较少。

具体到实际的程序中，我们读写文件、Socket 时，如果使用经典的 Java I/O，程序会同步阻塞地执行，见代码清单 8-1。

代码清单 8-1　阻塞地读取 I/O 数据

```
val byteArray = ByteArray(128)
val length = getInputStream().read(byteArray)
```

如图 8-3 所示，read 调用时会阻塞当前线程，直到数据读取完毕，不过这期间由于 I/O 读取的实际执行者是 DMA，在数据读取完毕之前 CPU 不会参与，读取完成之后再通过 CPU 调度该线程继续执行，这意味着 I/O 操作期间被阻塞的线程实际上被白白浪费了，换句话说，我们对线程的利用率不够高。

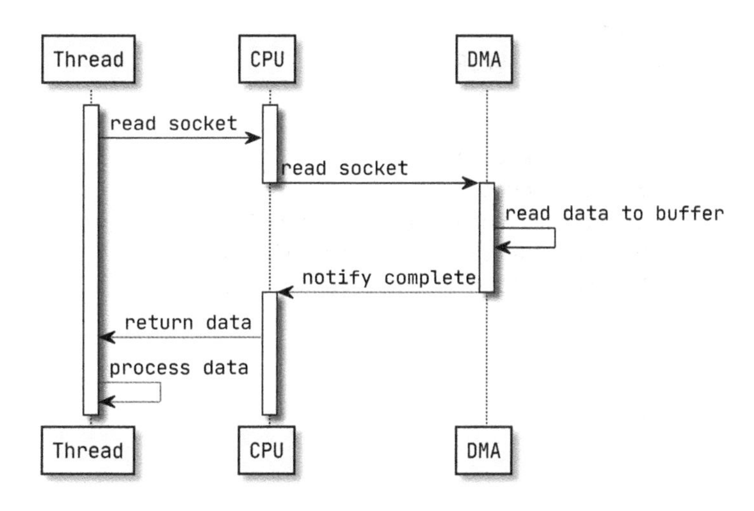

图 8-3　阻塞式的数据读取流程

既然不需要 CPU 参与，那么 I/O 操作的时候我们是否有办法不阻塞线程呢？当然是有的，JDK 1.4 新增了一套 API——NIO，即 New I/O，当然现在看来它已经不新了，因此开发者也习惯取它的实际效果称它为 Non-Blocking I/O。由于经典的 I/O 是阻塞的，因此也被称为 Blocking I/O，即 BIO。

使用 NIO 时，我们在调用 read 之前需要先通过 NIO 提供的 Selector（注意不是协程的 select）注册 I/O 事件，等到数据就绪时，程序会收到读事件，再调用 read 就不再阻塞了，示例如代码清单 8-2 所示。

代码清单 8-2　使用 NIO 读取网络数据

```
val selector = Selector.open()
val serverAddress = InetSocketAddress(SERVER_HOST, SERVER_PORT)
ServerSocketChannel.open().use { serverChannel ->
  serverChannel.bind(serverAddress)
  serverChannel.configureBlocking(false)
  serverChannel.register(selector, serverChannel.validOps(), null)
  while (true) {
    selector.select()
    selector.selectedKeys().let { keys ->
      keys.forEach { selectionKey ->
        when {
          selectionKey.isAcceptable -> {
            val clientChannel = serverChannel.accept()
            clientChannel.configureBlocking(false)
            clientChannel.register(
              selector,
              SelectionKey.OP_READ
            )
          }
          selectionKey.isReadable -> {
            val clientChannel =
              selectionKey.channel() as SocketChannel
            val buffer = ByteBuffer.allocate(256)
            val length = clientChannel.read(buffer)
            ...
          }
        }
      }
      keys.clear()
    }
  }
}
```

在 ServerSocketChannel 打开之后，bind 函数可以绑定到指定的端口监听客户端接入，configureBlocking(false) 则将当前 API 设置为非阻塞的模式。既然是非阻塞模式，I/O 操作是否就绪就需要有事件通知，调用 register 可以完成对事件的注册，注册的事件类型由 validOps 函数给出，对于 ServerSocketChannel 来讲就是 OP_ACCEPT。

select 函数会阻塞当前线程，直到有已注册的事件到达。由于我们已经注册了 OP_ACCEPT 事件，因而遍历 selectedKeys 返回的事件集合时可以看到对 selectionKey.isAcceptable 分支的处理。在有客户端接入时 OP_ACCEPT 事件到达，我们可以通过 accept 函数拿到接入的客户端的 clientChannel，同样把它设置为非阻塞模式，并注册 OP_READ 事件。

这样，在读事件到达时，表明客户端发送的数据已经有部分或全部到达本地，因此此时直接调用 read 函数将不再阻塞。

可能有读者会疑惑，虽然调用 read 函数时不再阻塞，可是调用 select 函数时还是会阻塞呀。没错，但关键区别在于我们只需要一个阻塞的 select 调用就可以复用多个 I/O 事件，而不是每一个 I/O 事件都要阻塞一个线程（如图 8-4 所示）。如果开发者希望完全没有阻塞，也可以通过调用 selectNow 函数实现，该函数会立即返回就绪的事件个数，我们可以在适当的时机重复调用它以读取到就绪的 I/O 事件。

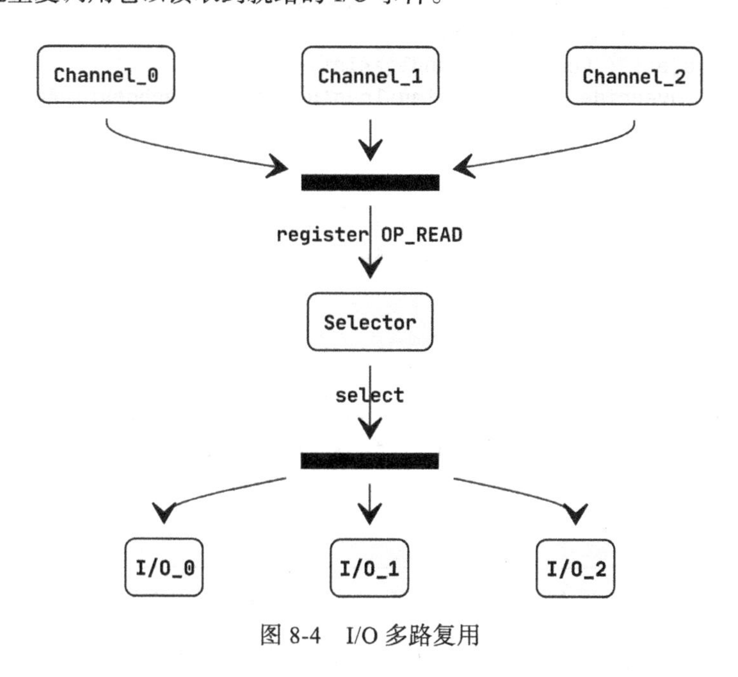

图 8-4　I/O 多路复用

有了这个基础，我们就不难想到，不论有多少用户，I/O 操作本身都基本不会阻塞线程，我们对于线程数量的需求也可以大幅度减少，对线程的利用率就有机会提升。

这种情况下，基于事件驱动和异步 I/O 的服务器模型也就应运而生。我们只需要很少的线程来专门处理 I/O 事件，再分配相对较少的线程来处理用户请求中的非 I/O 相关的计算。如果某一个用户的请求处理过程中遇到了 I/O 操作，就可以转入专门的 I/O 线程中处理，承载用户请求的线程便可以立即释放去处理其他用户的非阻塞计算任务。这个模型在某些特定场景下相比以往的多任务模型有了较大的性能提升。

不过，想必大家很快会意识到一个问题，那就是基于 NIO 编写程序的复杂度太高了。多数情况下我们不应该直接使用 NIO API 来编写应用，而应该使用一些基于 NIO 进一步封装的框架，例如 Apache MINA（https://mina.apache.org/）、Netty（https://netly.io/）等。

也正是这个原因，JDK 1.7 又推出了 NIO 2，通过提供回调来进一步简化非阻塞 IO 程序的编写，如代码清单 8-3 所示。

代码清单 8-3　使用 NIO 2 读取网络数据

```
AsynchronousSocketChannel.open().let { serverChannel →
  serverChannel.connect(serverAddress, null,
    object : CompletionHandler<Void, Any?> {
      override fun completed(result: Void?, attachment: Any?) {
        val buffer = ByteBuffer.allocate(128)
        serverChannel.read(buffer, null,
          object : CompletionHandler<Int, Any?> {
            override fun completed(length: Int, attachment: Any?) {
              ...
            }

            override fun failed(exc: Throwable, attachment: Any?) {
              println("Read error: $exc")
            }
          })
      }

      override fun failed(exc: Throwable, attachment: Any?) {
        println("Failed to connect to $SERVER_HOST:$SERVER_PORT.")
      }
    })
}
```

从命名上，NIO 2 的类名前面都增加了 Asynchronous，相应的 API 也都提供了回调版本，包括示例中的 connect 和 read 等。回调版本的 API 多了以下两个参数。

- attachment：这个参数由调用者自行指定，回调时作为回调函数的第二个参数传入。示例中我们直接传入 null，表示忽略。
- handler：类型为 CompletionHandler，它有两个泛型参数，第一个是对应 API 的同步版本 API 的返回值类型，例如 read 在同步版本中返回 Int 类型的 length，那么这里第一个泛型参数就是 Int 类型。第二个则是 attachment 的类型。CompletionHandler 有两个回调函数，分别是 completed 和 failed，这毫无意外。

8.2　协程在多任务模型中的运用

要想提高资源的利用率，就要引入异步程序，而引入异步程序又会增加程序的设计复杂度。如果有一门技术可以令程序同时实现同步的形式和异步的效果，那么上述问题都将不是问题，而这门技术就是协程。

8.2.1　协程与异步 I/O

NIO 2 的 API 总算是离我们的习惯更近了一步，不过它同样难用，我们甚至能够轻易地想到回调地狱的产生。

不过以我们丰富的回调转协程的经验来看，这个问题似乎很容易解决，如代码清单 8-4 所示。

代码清单 8-4　NIO 2 的回调 API 转协程

```
suspend fun AsynchronousSocketChannel.connectAsync(remote: SocketAddress) =
  suspendCancellableCoroutine<Unit> { continuation ->
    connect(remote, continuation,
      object: CompletionHandler<Void, Continuation<Unit>>{
        override fun completed(
          result: Void?,
          attachment: Continuation<Unit>?
        ) {
          continuation.resume(Unit)
        }

        override fun failed(
          exc: Throwable,
          attachment: Continuation<Unit>?
        ) {
          continuation.resumeWithException(exc)
        }
    })
    continuation.invokeOnCancellation { close() }
  }

suspend fun AsynchronousSocketChannel.readAsync(buffer: ByteBuffer) = ...
```

我们可以轻而易举地将以上回调 API 改造成挂起函数，于是基于 NIO 2 和协程的写法就变得简洁易懂了，如代码清单 8-5 所示。

代码清单 8-5　使用协程版的 NIO 2 读取网络数据

```
AsynchronousSocketChannel.open().use { serverChannel ->
  runCatching {
    serverChannel.connectAsync(serverAddress)
    println("Connected to $SERVER_HOST:$SERVER_PORT ...")
    val buffer = ByteBuffer.allocate(128)
    serverChannel.readAsync(buffer)
```

```
        buffer.flip()
        println("receiving: ${CHARSET.decode(buffer)}")
      }.onFailure {
        println("Error: $it")
      }
    }
```

异步调用所产生的异常也可以直接通过 try ... catch 捕获，实例中的 runCatching 函数只不过把正常和异常的结果整理到了一个 Result 类型的结果中。不得不说，协程就是为了异步而生，一切异步问题在协程面前都变得不再复杂。

8.2.2 协程与“轻量级线程”

Kotlin 官方在介绍协程时曾给出创建 10 万个协程和 10 万个线程的例子来说明协程“更轻量”的观点，不过这个例子似乎并不能充分证明这一点。

我们不否认协程在内存开销上确实优于线程，协程的内存开销大约几百字节，远小于 Java 虚拟机上线程的内存开销（如表 8-1 所示），不过问题在于协程和线程毕竟能够提供的能力不同，因此脱离场景简单地说谁更轻量便难以令人信服。

表 8-1　默认线程调用栈大小

平台	默认值
Windows IA32	64 KB
Linux IA32	128 KB
Windows x86_64	128 KB
Linux x86_64	256 KB
Windows IA64	320 KB
Linux IA64	1024 KB
Solaris Sparc	512 KB

实际上，我们在比较协程和线程的时候，潜在地就已经把二者放到了同一个需求背景下，那就是多任务模型中的任务承载能力。用一个协程去承载一个任务或者用户请求，自然是要比线程更节省资源的，这主要体现在内存占用和 CPU 上下文切换次数的减少所带来的资源利用率的提升。当然，对于 I/O 密集型程序，能够充分发挥这种优势还需要有异步 I/O 的支持。

除此之外，我们很难简单地比较协程和线程。协程最重要的应用场景一定是程序异步逻辑的同步化；而线程则是专注于解决并发问题，合理地创建线程也可以充分利用 CPU 多核多处理器的优势。

还有一个比较有争议的问题就是“线程框架”的问题。坦率地说，目前尚未查证到对于“线程框架”的准确定义，我们姑且认为提供了线程相关能力的框架就是线程框架。那么协程是不是线程框架呢？

多数持有“Kotlin 协程是线程框架”观点的开发者的理由是，Kotlin 协程运行在线程之上，并提供了线程切换的能力。其实这个论点非常适合与 RxJava 类比。本书中多次提及 RxJava，主要的原因在于 RxJava 要解决的问题与协程有诸多相似之处。RxJava 也提供了线程切换的功能，不过那只是它功能中的冰山一角。它的官方网站如此介绍它：

> Reactive Extensions for the JVM – a library for composing asynchronous and event-based programs using observable sequences for the Java VM.（RxJava 是响应式编程在 Java 虚拟机上的实现，它是一个使用了可观察的序列来组合异步调用与事件驱动的程序的 Java 框架。）

由此可见，我们称它为“异步”框架似乎更加贴切，这同样适用于 Kotlin 协程。

那究竟什么是线程框架呢？由于目前没有确切的定义，我们可以从字面意思上看，它是指以对线程特性的抽象和封装为核心功能的框架。我们知道 Java 虚拟机的主流实现中，线程 API 实际上是对内核线程 API 的封装，它为 Java 开发者构建多线程程序提供了基础和便利，因而如果一定要找一个线程框架的例子的话，Java 的线程 API 似乎更符合要求。

8.3 常见 Web 应用框架的协程扩展

要想将协程应用于 Web 应用开发中，常见的 Web 框架对协程的支持也是至关重要的。幸运的是，这些框架多数已经认识到了协程的优势，并积极地提供了相应的协程扩展。

8.3.1 Spring 的响应式支持

1. 注解风格的 API

运用 Spring 来构建 Web 应用曾经几乎是我们唯一的选择，当时颇有一种“学会 SSH（Struts、Spring 和 Hibernate），走遍天下都不怕”的感觉。而后 Struts 因配置烦琐复杂、存在安全漏洞等问题被逐渐冷落，Spring MVC + Hibernate 或 Spring MVC + MyBatis 的组合又逐渐成为主流。

用过 Spring 的开发者都知道其配置的烦琐和上手的困难，于是 Spring 又推出了 Spring Boot，将开发者进一步从烦琐的配置中解放出来，让搭建 Web 应用变得越来越简单。有了 Spring Boot 帮我们自动管理使用的组件和版本，通常只需要添加下面的一行依赖就可以构建一个经典的基于阻塞 I/O 的 Web 服务，服务器默认为 Tomcat：

```
org.springframework.boot:spring-boot-starter-web
```

但在这种情况下，协程就无法发挥它的威力了，所以我们需要改为依赖 WebFlux，即：

```
org.springframework.boot:spring-boot-starter-webflux
```

其中自动管理依赖版本的能力由 Spring 的依赖管理插件来提供：

```
plugins {
  ...
  id "org.springframework.boot" version "2.2.2.RELEASE"
  id "io.spring.dependency-management" version "1.0.8.RELEASE"
}
```

使用 WebFlux 构建的 Web 应用是基于 Netty 的。Netty 是一个著名的 NIO 框架，它提供了丰富易用的非阻塞 I/O 特性。既然如此，我们所构建的 Web 服务自然可以使用协程来提供服务，所有的 Web 接口都可以直接定义为挂起函数，如代码清单 8-6 所示。

代码清单 8-6　注解风格的 Web 接口定义

```
@RestController
@RequestMapping("/rest/students")
class SimpleApi(val repository: StudentRepository) {

  @GetMapping("/")
  suspend fun listStudent() = repository.findAll().asFlow()

}
```

listStudent 的返回值类型就是 Flow<Student> 类型，我们也可以将它转换为 List<Student>：

```
@GetMapping("/")
suspend fun listStudent() = repository.findAll().asFlow().toList()
```

可见 WebFlux 对于 Kotlin 协程提供了内在的支持。

2. 函数式风格的 API

除了直接使用经典的注解方式，我们还可以使用路由函数来创建 Web 接口。WebFlux 为我们提供了两套路由函数，router { ... } 和 coRouter { ... }，分别用于使用普通函数和挂起函数来实现业务逻辑。

我们以协程的路由函数 coRouter 为例创建 Web 接口，如代码清单 8-7 所示。

代码清单 8-7　使用路由函数定义 Web 接口

```
@Configuration
```

```
class SimpleRoute(val repository: StudentRepository) {
  @Bean
  fun studentsCoroutine() = coRouter {
    "/co-route/students".nest {
      GET("/") { request ->
        repository.findAll().asFlow().let {
          ServerResponse.ok().bodyAndAwait(it)
        }
      }
    }
  }
}
```

这种方式现在也逐渐流行，我们后面将要介绍的 Ktor、Vert.x 也提供了这样的函数方式来创建 Web 接口。

3. 异步数据库访问

我们该如何异步访问数据库呢？这也是令人头疼的一点。经典的 JDBC 都是阻塞式的 API，它会成为我们使用异步 I/O 来设计程序的障碍。幸运的是，我们可以使用 R2DBC 来解决这个问题。

R2DBC（https://r2dbc.io/）是一套响应式的数据库 API。添加以下依赖：

```
org.springframework.boot.experimental:spring-boot-starter-data-r2dbc
```

同时，为了让 Spring 自动帮我们选择合适的版本，还需要在 Gradle 中添加：

```
dependencyManagement {
  imports {
    mavenBom(
      "org.springframework.boot.experimental:spring-boot-bom-r2dbc:0.1.0.M3"
    )
  }
}
```

这样我们创建 Repository 的时候就需要继承 ReactiveCrudRepository 而不是以往的 CrudRepository，如代码清单 8-8 所示。

代码清单 8-8　响应式的数据库 API

```
interface StudentRepository : ReactiveCrudRepository<Student, Long> {
  @Query("select * from student where name = :name")
  fun findByName(name: String): Mono<Student>
}
```

我们注意到，findByName 的返回值类型是 Mono<Student>，这个 Mono 类似于 RxJava 中的 Single，是响应式编程的一套实现中的类型。它也是 Publisher 的子接口，因而可以直接与Kotlin协程的Flow互相转换，也可以通过awaitXXX扩展函数来获取其中的值，具体代码如代码清单8-9所示。

代码清单8-9 使用响应式的数据库API实现Web接口

```
@GetMapping("/name/{name}")
suspend fun getByName(@PathVariable("name") name: String) =
  repository.findByName(name).awaitSingle()
```

例如我们可以定义一个服务接口getByName，调用StudentRepository的findByName，这里我们在设计时确定name不会重复，因此findByName返回Mono类型，并且通过awaitSingle来拿到其中的值。

如果其中的值不止一个，这时候使用Mono就不合适了，应当使用Flux，这与RxJava中的Flowable又是如出一辙。我们可以将Flux转为Flow，就像我们在listStudent的实现中的做法一样。

而如果我们只需要其中的第一个值，那么也可以调用awaitFirst来获取它。类似的还有awaitFirstOrNull，它在一个值都没有的情况下会返回null。

8.3.2 Vert.x

1. Vert.x的常规用法介绍

Eclipse Vert.x（https://vertx.io/）也是一个事件驱动的应用程序框架。它有一个单线程的事件循环来处理用户的请求，它的高并发能力极度依赖于非阻塞操作，这一点与Node.js非常类似。也正因如此，它提供了丰富的异步API供我们使用。基于Vert.x创建Web接口的方式类似于Spring WebFlux的函数方式，如代码清单8-10所示。

代码清单8-10 常规的Web接口创建

```
class MainVerticle : AbstractVerticle() {
  override fun start(startFuture: Future<Void>) {
  val router = Router.router(vertx).apply {
    get("/Hello").handler { event ->
    event.response().end("Hello Vert.x!!!")
    }
  }

  vertx.createHttpServer()
    .requestHandler(router)
    .listen(8080) { result -> ... }
  }
}
```

在 Vert.x 中，我们可以根据业务需要将相关业务内聚到一起定义一个 Verticle，示例中我们定义了一个 MainVerticle，并在它的 start 函数中创建路由。

这个程序的入口类是 io.vertx.core.Launcher，运行时需要通过参数指定运行的 Verticle 实例，因此需要添加参数：

```
run com.bennyhuo.kotlin.coroutine.vertx.MainVerticle
```

程序运行起来之后就会监听本机的 8080 端口，并提供一个接口 /Hello。

2. Vert.x 对协程的支持

Vert.x 专门提供了对协程的支持。在添加了 Vert.x 必要的依赖之外，再添加以下依赖：

```
io.vertx:vertx-lang-kotlin:3.8.5
io.vertx:vertx-lang-kotlin-coroutines:3.8.5
```

二者分别对应于 Kotlin 语言的支持和 Kotlin 协程的支持。

定义协程版本的 Verticle 需要继承 CoroutineVerticle，它的 start 函数和 stop 函数也提供了可挂起的版本，如代码清单 8-11 所示。

代码清单 8-11　创建协程版的 Verticle

```
class MainCoroutineVerticle : CoroutineVerticle() {
  override suspend fun start() {
    ...
  }
}
```

可挂起的 start 函数会被调度到 Vert.x 的事件循环上执行。既然可以调度，自然就有调度器，因此如果我们希望自己启动的协程也调度到 Vert.x 的事件循环上，可以指定调度器为 coroutineContext，它实际上是 CoroutineVerticle 的属性，如代码清单 8-12 所示。

代码清单 8-12　基于 Vert.x 事件循环的协程上下文

```
abstract class CoroutineVerticle : Verticle, CoroutineScope {
  ...
  override val coroutineContext: CoroutineContext by lazy {
    context.dispatcher()
  }
  ...
}
```

通过这个定义可以看到 CoroutineVerticle 实现了 CoroutineScope，因此我们可以在它的作用范围内启动协程，如代码清单 8-13 所示。

代码清单 8-13 在 Vert.x 中创建协程

```
class MainCoroutineVerticle : CoroutineVerticle() {
  override suspend fun start() {
    launch(coroutineContext) {
      ...
    }
  }
}
```

CoroutineVerticle 本身已经集成了 Vert.x 的事件循环调度器，因此在这里我们也可以省略调度器：

```
launch { ... }
```

解决了如何构造协程的问题，我们来看看 Vert.x 的 API 支持了哪些协程的扩展。

启动服务时，之前我们调用 listen 函数并传入一个回调，现在只需要调用它的协程版本即可，如代码清单 8-14 所示。

代码清单 8-14 协程版本的服务启动函数

```
vertx.createHttpServer()
  .requestHandler(router)
  .listenAwait(config.getInteger("http.port", 8081))
```

其中，listenAwait 是一个挂起函数，它在调用时挂起，等待服务启动之后再恢复执行。

类似地还有 JDBCClient，它的函数多数是异步回调的形式，在对应的协程扩展库中又提供了回调转协程的扩展函数。例如它的 getConnection 函数对应于 getConnectionAwait，execute 函数对应于 executeAwait，queryWithParams 函数对应于 queryWithParamsAwait，等等。

不难看出，这些函数的命名方式也是有章可循的，都是 xxxAwait 的样式。在定义路由时，我们也可以仿照 Spring 的做法，添加一个提供协程运行环境的路由函数，如代码清单 8-15 所示。

代码清单 8-15 使用协程创建 Web 接口的路由函数实现

```
fun Route.coroutineHandler(fn: suspend (RoutingContext) → Unit) {
  handler { ctx →
    launch(coroutineContext) {
      try {
        fn(ctx)
      } catch (e: Exception) {
        ctx.fail(e)
```

```
        }
      }
    }
  }
```

之后创建路由时我们就可以直接使用它了，如代码清单 8-16 所示。

代码清单 8-16　创建协程版的 Web 接口

```
val router = Router.router(vertx)
router.get("/id/:id").coroutineHandler { routingContext ->
  val id = routingContext.pathParam("id")
  val result = client.queryWithParamsAwait("...", json { array(id) })
  ...
}
```

Vert.x 通过事件驱动模型提供了极大的程序规模的可扩展性，伴随着事件驱动而产生的异步问题则在 Kotlin 协程的支持下有效地得到解决。

8.3.3　Ktor

在 Kotlin 协程正式发布之后，各大框架相继给出了自己的支持方案，作为示范，Kotlin 官方也推出了自己的异步框架 Ktor。我们可以使用 Ktor 来构建客户端和服务端程序。作为官方框架，Ktor 自然不会存在对协程的支持问题，确切地讲，协程就是 Ktor 的核心功能。

1. Ktor Client

Ktor 提供了一个基于协程 API 封装的 HTTP 客户端组件，该客户端组件底层使用的 HTTP 引擎可以配置，包括 Apache、CIO、Jetty 等，如图 8-5 所示。

以 Android 为例，在 Android 上 Ktor 可以基于 Android 和 OkHttp 这两个引擎发送 HTTP 请求，其中 Android 引擎是基于 Android 原生的 HttpURLConnection 实现的，OkHttp 引擎则是基于 OkHttp 框架实现的。使用时，我们需要添加以下依赖：

```
io.ktor:ktor-client-core:1.2.6
// 如果使用 OkHttp 引擎的话添加
io.ktor:ktor-client-okhttp:1.2.6
```

使用 Ktor 发送 HTTP 请求时，我们首先需要创建一个 HttpClient：

```
val client = HttpClient()
```

如果使用 OkHttp 作为 Ktor 客户端的 HTTP 引擎，那初始化时传入对应的引擎参数即可：

```
val client = HttpClient(OkHttp)
```

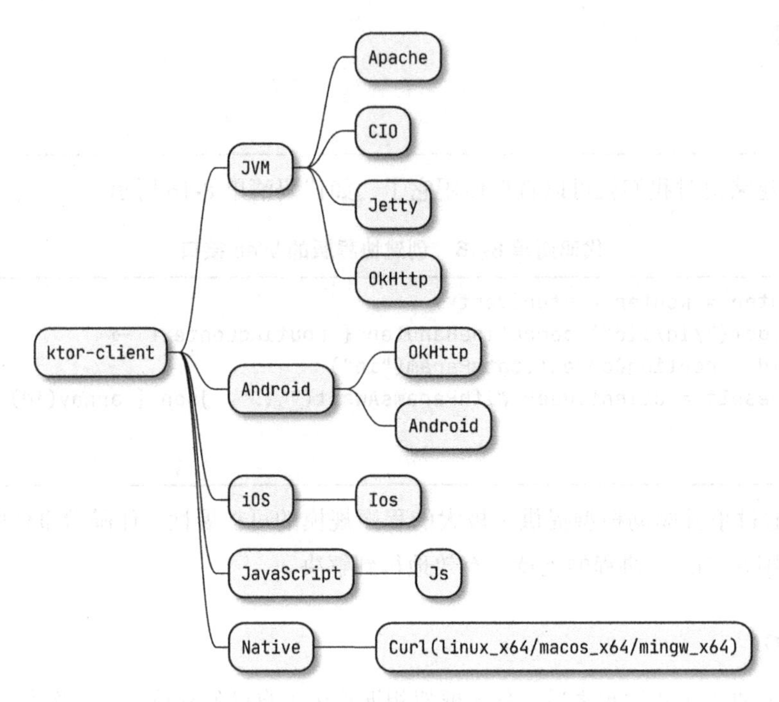

图 8-5　Ktor Client 在不同平台上支持的引擎

通常我们也会需要使用 JSON 来序列化数据类，因此需要添加 Ktor 客户端的 JSON 依赖，这里我们使用 Gson 框架来完成 JSON 序列化：

```
io.ktor:ktor-client-gson:1.2.6
```

> **说明**　Ktor 也支持其他 JSON 序列化框架，例如 Jackson 或者 Kotlinx.Serialization。如果需要使用它们，只需要替换相应的依赖即可。

我们对初始化 HttpClient 的代码稍作修改以添加 JSON 序列化支持，如代码清单 8-17 所示。

代码清单 8-17　为 Ktor Client 添加 JSON 支持

```
val client = HttpClient(){
  install(JsonFeature)
}
```

我们再定义一个数据类型作为 HTTP 请求的结果：

```
data class GitUser(
  val login: String,
```

```
  val avatar_url: String,
  val location: String
)
```

最终，我们使用一行代码即可完成请求的发送：

```
val user = client.get<GitUser>("https://api.github.com/users/bennyhuo")
```

注意，这里的 get 函数是一个挂起函数，调用时挂起，请求结束后恢复执行以返回 user 这个结果；get 同时也指代了 HTTP 协议的 GET 请求，类似地，如果我们需要发起 POST 请求，那函数名就是 post；泛型参数 GitUser 是结果类型，Ktor 会据此通过配置好的 JSON 序列化框架来完成结果的反序列化。

Ktor 的客户端组件通过对常见的 HTTP 引擎进行封装，并添加对协程的支持，将原本异步的 API 改造成基于协程的同步 API，使得 HTTP 请求的逻辑更加简洁。

2. Ktor Server

使用 Ktor 构建服务端应用同样也是可以基于多个底层引擎的，内置引擎包括 Netty、Jetty、Tomcat、CIO（如图 8-6 所示），开发者也可以根据实际需求自行定制。

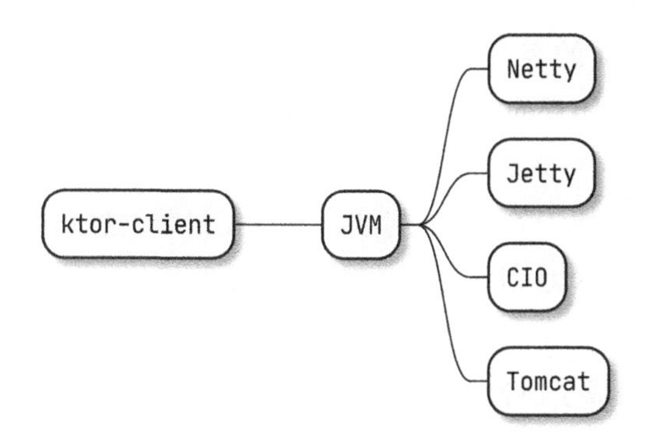

图 8-6　Ktor Server 支持的引擎

在编写 Ktor 服务之前，我们同样需要添加对应的依赖：

```
io.ktor:ktor-server-core:1.2.6
// 使用 Netty 引擎则添加以下依赖
io.ktor:ktor-server-netty:1.2.6
```

我们可以使用 embeddedServer 函数快速创建和启动服务，如代码清单 8-18 所示。

代码清单 8-18　快速启动一个 Ktor 服务

```
embeddedServer(Netty, 8080) {
  routing {
    get("/Hello") {
```

```
        call.respond("Hello Ktor!!")
      }
    }
  }.start(true)
```

可以看到，我们使用 Netty 引擎提供底层服务支持，服务端口为 8080，添加了一条路由 /Hello，请求后会得到“Hello Ktor!!”的响应。

当然，Ktor 服务如何编写不是我们的重点，我们更应该关注的是它的运行环境。基于 Netty 引擎配置的服务的路由处理函数运行在协程的环境中，它的调度器会将函数体调度到 Netty 的事件循环上。这里的 call.respond 是挂起函数，它还有很多兄弟函数，例如 call.respondFile、call.respondBytes 等，这些耗时的异步调用流程通过协程的支持可以同步使用，却又不阻塞主调用流程，这无疑大大降低了异步应用的设计复杂度。

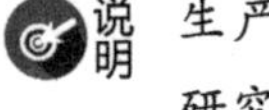

生产环境中推荐通过配置文件配置 Ktor 服务，示例中硬编码的方式更适合学习研究。

3. 基于协程的 CIO

前面我们在介绍 Ktor 的客户端和服务端的底层引擎时都提到了一个叫 CIO 的引擎，这个引擎实际上就是基于协程的 I/O 的意思（Coroutine-based I/O），它在 Java 虚拟机上是直接基于 NIO 实现的。

CIO 提供了功能上类似于 Netty 的封装，不过在封装的思路上二者各有千秋。CIO 几乎是基于 JDK 1.4 引进的 NIO 对 Socket 相关的 API 做了一次量身定制，这一版本的 NIO 只对 Socket 提供了非阻塞的 I/O 支持，在 CIO 中我们可以看到的实现主要就是将 Socket、Selector 等异步 API 改造成了协程 API。

例如 NIO 中的 Selector 在 CIO 中对应的类型为 SelectorManager，二者不同之处在于 SelectorManager 提供的 select 函数是一个挂起函数，如代码清单 8-19 所示。

代码清单 8-19　CIO 版的 Selector

```
interface SelectorManager {
  ...
  suspend fun select(selectable: Selectable, interest: SelectInterest)
}
```

它会在调用时挂起，直到 I/O 事件到达，这一点比起 NIO 中的 Selector 的同步阻塞的循环逻辑更加易于理解也更方便使用。

类似的还有 CIO 中定义的 Socket 接口的实现类 SocketImpl，它的 connect 函数同样是一个挂起函数，如代码清单 8-20 所示。

代码清单 8-20 CIO 版的 Socket 连接

```
internal suspend fun connect(target: SocketAddress): Socket {
  if (channel.connect(target)) return this
  wantConnect(true)
  selector.select(this, SelectInterest.CONNECT)
  ...
  wantConnect(false)
  return this
}
```

在 connect 调用时，网络连接的请求发出，selector.select 函数通过 NIO 的机制实现异步 I/O 事件的等待并挂起，这样既不会阻塞程序执行所在的线程，也不会因为使用了 NIO 而将程序搞得一团糟——这让我们进一步见识了协程在解决异步逻辑同步化问题上的威力。

目前几乎没有关于 CIO 的文档，CIO 仍然主要为 Ktor 生态服务，但这并不排除将来 CIO 作为一个独立的框架为更多的应用场景提供支撑。按照 Ktor 的版本规划，Ktor 项目后续将逐步提供 CIO 对 Native 的支持，并最终作为 Ktor Client 的默认引擎。

稍微提一句，JDK 1.4 推出的 NIO 中没有提供针对本地文件的 API FileChannel 的非阻塞调用，这可能是因为部分操作系统不支持文件的非阻塞读写，例如 Linux。不过，JDK 在 1.7 推出的 NIO 2（或称 AIO）中又提供了对文件的异步回调 API 的支持。

8.4 本章小结

本章我们探讨了 Web 服务在应对多任务并发时的模型演进过程，并着重分析了基于事件驱动和异步 I/O 的多任务模型与协程的结合点。之后我们又就 Java 虚拟机上常见的 Web 服务框架对 Kotlin 协程的支持情况作了介绍，不难发现，在异步编程日益流行的形势下，协程有着更加广阔的应用场景和发挥空间。

Chapter 9 第9章

Kotlin 协程在其他平台上的应用

Kotlin 除了可以运行在其应用最为广泛的 Java 平台上之外，还可以运行在浏览器、Node.js 及 Native 环境中，这也是 Kotlin 为突破 Java 的"光环"、扩大自身适用场景和受众范围的一个重要特性。为行文方便，下文中用 Kotlin-Jvm、Kotlin-Js、Kotlin-Native 分别指代对应平台上的 Kotlin（如图 9-1 所示）。

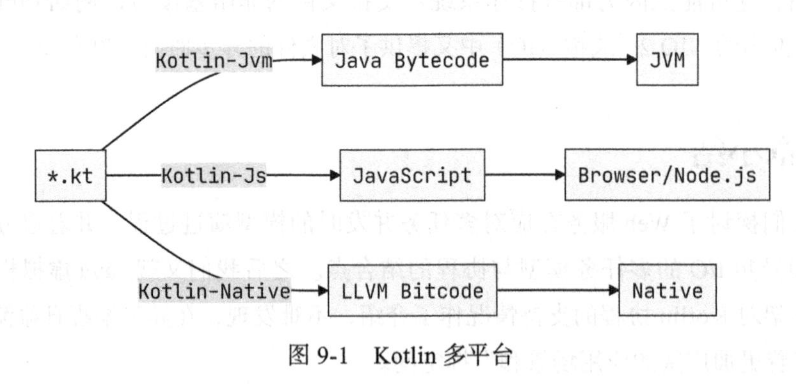

图 9-1　Kotlin 多平台

9.1　Kotlin-Js

Kotlin 除可以编译成 Java 字节码以外还可以编译成 JavaScript 代码，这样所有 JavaScript 可以运行的环境都可以运行 Kotlin 了。

9.1.1 Kotlin-Js 概述

在本书撰写期间，Kotlin-Js 的构建工具整体正在经历一轮重构和升级，变动比较大，文档也相对较少，这里我们先就几个重要的问题对 Kotlin-Js 的运行和开发方式进行简要介绍。

1. 标准库 API

JavaScript 最常见的使用场景就是作为网页脚本在浏览器环境中运行。后来 Node.js 逐渐流行，JavaScript 也在 Web 服务和桌面应用开发中扮演了重要的角色。

Kotlin 要想运行在 JavaScript 的环境中，首先需要解决的就是将 JavaScript 对应环境的 API 转换成 Kotlin API 以便调用，例如我们可以在 Kotlin 当中直接调用 console.log，在控制台打印输出：

```
fun hello(){
  console.log("Hello World")
}
```

这段代码编译之后生成的 JavaScript 代码如下：

```
function hello() {
  console.log('Hello World');
}
```

除了 console 之外，标准库还提供了一些其他原生 JavaScript 的 API，包括浏览器上的 windows 和 document 等，以及 Kotlin 自己的一些通用的 API，例如 println、maxOf 等。

2. 任意 JavaScript API

console 对象作为 Kotlin-Js 标准库的一部分，我们自然就可以直接使用，不过不是所有的 API 都能这么幸运地进入标准库，如果想要使用 setTimeout，你就会发现只有在浏览器环境里才可以通过 window 对象调用，可是在 Node.js 上没有 window，怎么办？其实 setTimeout 的实现已经有了，这与 C 程序开发过程中经常需要声明一个外部函数的做法类似，我们只需要声明它即可。

函数的声明要与实际的实现相符合，我们先要搞清楚 setTimeout 的签名：

```
declare function setTimeout(
  handler: TimerHandler,
  timeout?: number, ...arguments: any[]
): number;
```

这是 setTimeout 函数在 TypeScript 中的类型声明，我们可以简单地把 TypeScript 当作是附加了静态类型系统的 JavaScript 来理解。setTimeout 的函数签名简单解释如下。

- 参数 handler 是 TimeHandler 类型，它在 Node.js 上就是函数类型（在浏览器上也可以是字符串类型，内容为可执行的 JavaScript 代码）。
- 参数 timeout 是可选的，如果不提供则默认为 0，单位为 ms。
- 参数 arguments 是一个变长参数，它会作为 handler 的参数传入。
- 返回值为定时任务的 ID，可以使用它取消该任务。

基于这个签名，我们就可以在 Kotlin 中声明它了，如代码清单 9-1 所示。

代码清单 9-1　setTimeout 函数的 Kotlin 声明

```
external fun setTimeout(
  handler: dynamic,
  timeout: Int = definedExternally,
  vararg arguments: dynamic
): Int
```

上述代码中有大家可能不太熟悉的内容，dynamic 表示这是一个动态的类型，只能在 Kotlin-Js 中使用，Kotlin 编译器不会去检查以 dynamic 声明的变量的类型；definedExternally 则表示默认值在外部已经定义。

这里的第一个参数的类型 dynamic 指代的其实就是函数类型，在 Kotlin 中函数类型又因参数和返回值类型的不同而不同，因此使用 dynamic 可以指定任意的函数类型。如果我们只传入特定类型的函数，也可以将 setTimeout 的声明进行特化，如代码清单 9-2 所示。

代码清单 9-2　setTimeout 函数的一种特定的 Kotlin 声明

```
external fun setTimeout(
  handler: () -> Unit,
  timeout: Int = definedExternally
): Int
```

这样一来，我们在 Kotlin 中就可以直接使用 setTimeout 函数了，如代码清单 9-3 所示。

代码清单 9-3　setTimeout 函数在 Kotlin 当中的使用

```
setTimeout({
  console.log("Run after 1000ms.")
}, 1000)
```

3. 自动生成外部的 JavaScript API

声明外部 API 是一个理论上可行的方案，但也确实缺乏实际的可操作性。毕竟需要声明的 API 太多了，例如我想要在 JavaScript 环境中发送网络请求，需要使用 Axios 这个框架，我为了使用它，总不至于把它的 API 全部手动用 Kotlin 声明一遍吧？

Kotlin 官方也考虑到了这个问题，于是他们提供了一个类型声明的生成工具 Dukat（https://github.com/kotlin/dukat）。确切地说，它其实是一个代码转换工具，可以将各个框架的 API 的 TypeScript 声明转换成 Kotlin 声明，这样我们在 Kotlin 中就可以直接使用了。

我们可以通过 npm 直接全局安装 Dukat，并在命令行直接使用，生成的 Kotlin 声明有些情况下需要手动修改以通过编译，这也是目前比较推荐的使用方式。具体代码见代码清单 9-4。

代码清单 9-4　Dukat 的安装和使用方法

```
npm install -g dukat
dukat [<options>] <d.ts files>
```

此外，Kotlin-Js 的 Gradle 插件也已经集成了 Dukat，我们只需要在 gradle.properties 文件中添加配置即可启用 Dukat：

```
kotlin.js.experimental.generateKotlinExternals=true
```

幸运的是，目前的版本已经可以直接正确生成 Axios 的声明，因此我们可以直接在 Kotlin 中调用它，如代码清单 9-5 所示。

代码清单 9-5　使用 Axios 请求网络

```
Axios.get<User, AxiosResponse<User>>(...)
  .then {
    console.log(it.status)
    console.log(it.data)
    console.log(it.data.avatar_url)
  }.catch {
    console.error(it)
  }
```

说明　Dukat 项目还处于非常早期的阶段，截至本书写作时，最新版本是 0.0.26，各方面功能还不太完善。不过，这个工具对于衔接 Kotlin 与 JavaScript 的生态有着重要的意义。

4. 调试信息与源文件映射

Kotlin 源文件在编译成 JavaScript 代码时，也提供了一些额外的信息来辅助开发和调试，这其中主要就是源码的映射关系。

源码映射在 JavaScript 世界里并不新鲜，作为需要下发到浏览器客户端的脚本文件，JavaScript 和 CSS 都会面临文件体积的问题，因此在发布之前都会经历压缩和混淆的操作，这一点类似于 Java 的混淆。源码映射文件的作用就是将编译后的文件与源文件关联起来，方便问题的定位。这个技术后来也被同样编译后生成 JavaScript 代码的 TypeScript 所使用，Kotlin 自然也不例外。

我们给出一个源码映射文件的内容，如代码清单 9-6 所示。

代码清单 9-6　Kotlin-Js 的源码映射文件

```
{
  "version": 3,
  "file": "CoroutineJavaScript.js",
  "sources": [
    "../../../../../src/main/kotlin/Main.kt"
  ],
  "sourcesContent": [
    null,
    null,
    null
  ],
  "names": [],
  "mappings": "..."
}
```

我们省略了具体的映射信息 mappings 的内容，毕竟这些内容我们无法直接读懂，不过可想而知，这个映射文件的作用就是将编译生成的 CoroutineJavaScript.js 文件与源文件 Main.kt 关联了起来，有了这个文件的帮忙，我们在 IDE 中也可以打断点进行调试，如图 9-2 所示。

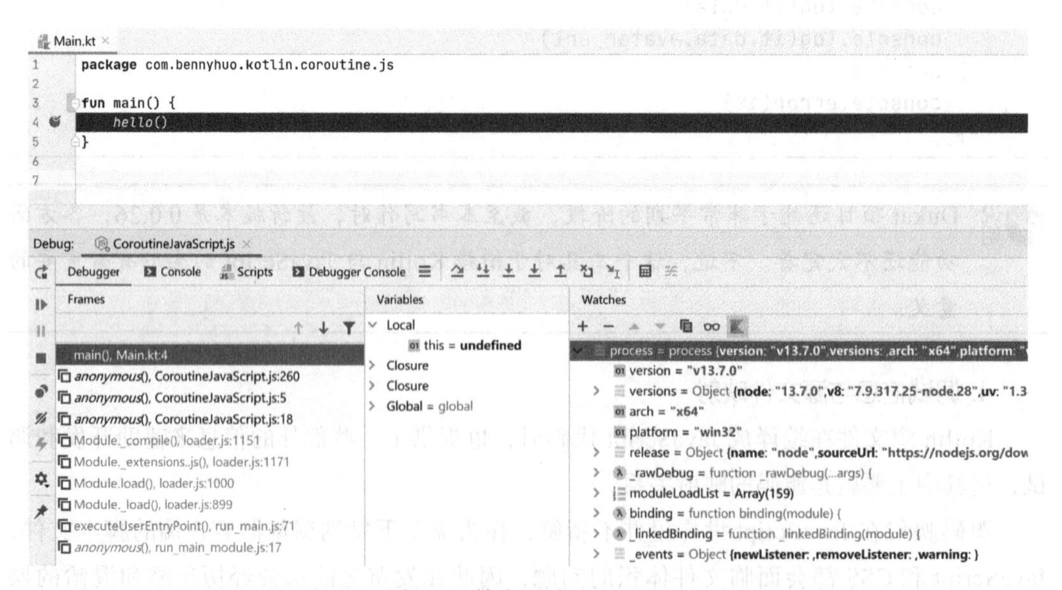

图 9-2　单步调试 Kotlin-Js

其实 Java 字节码中也有类似的信息，包括行号、源文件名等，只是我们平时很少注意到罢了，如代码清单 9-7 所示。

代码清单 9-7 Java 字节码中的行信息

```
  ...
L62
  LINENUMBER 19 L62
L63
  ICONST_0
  ISTORE 3
  ...
@Lkotlin/coroutines/jvm/internal/DebugMetadata;(f="HttpClientMain.kt", ...)
```

9.1.2 Kotlin-Js 上的协程

我们现在已经大致了解了 Kotlin-Js 的工作机制，接下来探讨如何在其中使用协程。

1. 协程的基本使用

首先需要将协程框架的依赖添加到工程中：

```
org.jetbrains.kotlinx:kotlinx-coroutines-core-js:1.3.3
```

接下来就可以像之前一样创建协程了，如代码清单 9-8 所示。

代码清单 9-8 Kotlin-Js 上的协程使用

```
suspend fun simpleCoroutine() {
  val job = GlobalScope.launch {
    println("1")
    delay(1000)
    println("2")
  }
  job.join()
}
```

JavaScript 通常运行在单线程的环境中，运行环境都有自己的事件循环，因而 Kotlin-Js 上的协程调度器的实现也相对简单，本质上与 Android 的 HandlerDispatcher 比较类似，主要包括以下几种调度器。

- WindowDispatcher：在浏览器环境中使用，可通过 windows.asCoroutineDispatcher() 获取，通过 setTimeout 函数进行调度。
- NodeDispatcher：在 Node.js 环境中使用，延时事件使用 setTimeout 函数实现，最终通过 process.nextTick 函数进行调度。

- SetTimeoutDispatcher：在 process 属性未定义时使用，例如在 NativeScript 环境当中。

我们在实际使用中不需要考虑这么多，直接使用 Dispatchers.Default 即可，Kotlin-Js 运行时会根据实际运行的环境选择合适的调度器。另外需要注意的是，在 Kotlin-Js 上，Dispatchers.Default 也代理了 Dispatchers.Main，因而二者没有任何实质性的区别。

2. 协程对 Promise 的支持

JavaScript 本身已经支持了 async/await，本质上就是 Promise 的简化写法（参见 1.3.3 节）。与在 Kotlin-Jvm 上支持 CompletableFuture 一样，Kotlin 协程同样对 Promise 提供了支持。

前面使用 Axios 发送网络请求的示例中，Axios.get 函数的返回值类型就是 Promise，我们可以通过 Kotlin 协程为 Promise 提供的扩展函数 await 将其转换为协程，如代码清单 9-9 所示。

代码清单 9-9　Promise 的 await 扩展函数

```
val response = Axios.get<User, AxiosResponse<User>>(...).await()
console.log(response.status)
// response.data 是 User 类型
console.log(response.data)
```

也可以通过 Promise.asDeferred 和 Deferred.asPromise 实现 Promise 和 Deferred 之间的互转，如代码清单 9-10 所示。

代码清单 9-10　Promise 与 Deferred 的互相转换

```
// Promise 转 Deferred
val responseDeferred = Axios.get<...>(...).asDeferred()

// Deferred 转 Promise
GlobalScope.async { ... }
  .asPromise()
  .then { ... }
  .catch { ... }
```

Kotlin 协程基于此也顺势提供了一个通过协程创建 Promise 的协程构造器，如代码清单 9-11 所示。

代码清单 9-11　使用协程创建 Promise

```
GlobalScope.promise { 1 }
  .then { ... }
  .catch { ... }
```

因此 Kotlin 协程可以与 JavaScript 自身的 Promise 机制无缝衔接，为直接调用 JavaScript 的各类框架提供了基础。

3. Ktor 对 JavaScript 的支持

Ktor 作为 Kotlin IO 的示范性项目，在 Kotlin-Js 中提供了客户端的支持。要想在 Kotlin-Js 中使用 Ktor Client，需要添加依赖：

```
io.ktor:ktor-client-js:1.2.6
```

在 Node.js 上 Ktor Client 使用 node-fetch 来发送请求，由于目前 Kotlin-Js 的 Gradle 插件无法自动引入 Maven 组件的 npm 依赖，我们可以通过在工程根目录手动创建一个 pakcage.json 文件并添加以下依赖来规避这个问题：

```
"dependencies": {
  "node-fetch": "*",
  "abort-controller": "*",
  "ws": "*"
}
```

之后再运行 npm i 安装这些依赖到工程根目录的 node_modules 目录中即可。

由于我们同样需要使用 Kotlinx.Serialization 实现对象的 JSON 序列化，因此在 Gradle 中添加代码清单 9-12 中的配置。

代码清单 9-12　为 Ktor 添加 Kotlinx.Serialization 的 JSON 支持

```
plugins {
  ...
  id "org.jetbrains.kotlin.plugin.serialization" version "1.3.61"
}
...
dependencies {
  ...
  implementation("io.ktor:ktor-client-json-js:1.2.6")
  implementation("io.ktor:ktor-client-serialization-js:1.2.6")
}
```

使用方法与 Kotlin-Jvm 中类似，如代码清单 9-13 所示。

代码清单 9-13　Kotlin-Js 中的 Ktor Client 的使用

```
val client = HttpClient {
  install(JsonFeature){
    serializer = KotlinxSerializer(Json.nonstrict)
  }
}
```

```
val user = client.get<User>("https://api.github.com/users/bennyhuo")
console.log(user)
client.close()
```

其中 User 的定义如下：

```
@Serializable
data class User(
  val login: String,
  val avatar_url: String,
  val location: String
)
```

由于 User 只使用了接口响应体中的部分字段，因此在初始化时选择了 Json.nonstrict，即非严格的序列化模式。

9.2 Kotlin-Native

在较早的阶段，Kotlin 被称为“一个更好的 Java（A Better Java）”，也许它曾经确实心怀这样的梦想，不过随着 Kotlin-Jvm 在开发者面前逐渐风生水起，它也开始打起了跨平台的主意。Kotlin 想要成为一门跨平台的语言，光靠 Kotlin-Jvm 甚至 Kotlin-Js 显然是不够的，于是能够彻底令 Kotlin 摆脱虚拟机或者特定运行时的 Kotlin-Native 便应运而生了。

9.2.1 Kotlin-Native 概述

1. Kotlin-Native 与多平台特性

Kotlin-Native 在语法上与其他二者相同，只是代码通过 LLVM 编译链最终编译成机器码，生成可执行程序。Kotlin-Native 目前支持大部分常见的平台，例如 macOS、Linux、Windows、iOS、Android Native 等。在开发时，平台不相关的通用逻辑均可以使用 Kotlin 编写，再与特定平台的逻辑相结合实现代码的跨平台共享。

Kotlin-Native 本身的跨平台要求也催生了 Kotlin 多平台特性，这个特性允许同一份平台无关的 Kotlin 代码在任意 Kotlin 支持的平台上运行（见图 9-3）。

当然，这里的任意平台也包括 JVM 与 JavaScript 环境。由此可见，Kotlin-Native 与 Kotlin 多平台特性的存在为 Kotlin 扩展自身的应用场景打通了“任督二脉”，使得 Kotlin 不再单纯是 Java 的“替补”。

Kotlin 的主要开发者群体来自移动端，Kotlin 多平台特性很自然地成了移动开发者实现 Android 与 iOS 跨平台的一套备选方案，其中 Android 上主要采用 Kotlin-Jvm，iOS 上则采用 Kotlin-Native。这实际上也是 Kotlin-Native 切入市场的一个重要方向，这一点从 Kotlin-Native 项目组在 2019 年高优先级支持和完善对 Objective-C 的互调用就可见一斑。

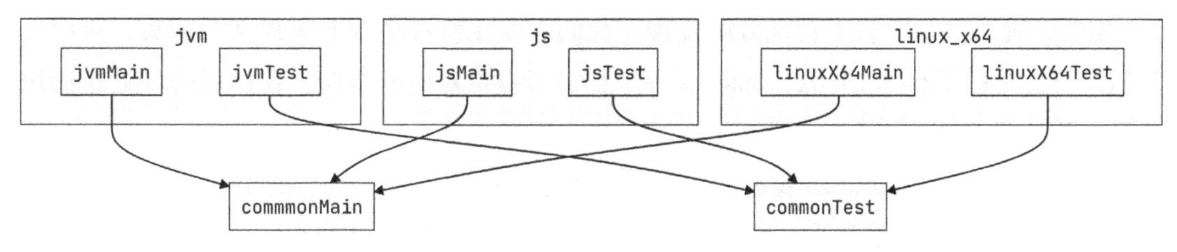

图 9-3　Kotlin 跨平台共享代码（Native 以 Linux 为例）

2. 平台相关的接口声明与实现

多平台共享代码的一大痛点就是通用代码对平台代码的依赖问题。Kotlin 的多平台特性就很好地解决了这个问题。

以获取当前的平台类型为例，在 Java 中通常的做法就是反射检查某一个特定平台的类是否存在以判断当前的平台，我们来看看 Retrofit 是怎么做的，如代码清单 9-14 所示。

代码清单 9-14　Retrofit 中使用反射实现运行平台的判断逻辑

```
private static Platform findPlatform() {
  try {
    Class.forName("android.os.Build");
    if (Build.VERSION.SDK_INT != 0) {
      return new Android();
    }
  } catch (ClassNotFoundException ignored) {
  }
  return new Platform(true);
}
```

如果存在 android.os.Build 类，程序就认为自己运行在 Android 平台上。这个做法一般不会有什么问题，不过这个判断条件是不充分的。

而我们在 Kotlin 中使用多平台特性的实现技术就可以在通用代码中定义一个待实现的类或者函数，由各个平台各自去实现，例如代码清单 9-15。

代码清单 9-15　在公共模块中声明平台相关函数

```
expect fun platform(): String
```

platform 函数声明在通用代码中，它被标记为 expect，意味着所有平台都必须提供一份对应的实现。那么在 Android 的实现中，我们就可以写做如代码清单 9-16 所示。

代码清单 9-16 在 Android 平台中给出具体的实现

```
actual fun platform() = "Android"
```

actual 表示这是个多平台函数的实现。我们需要在所有平台上实现这个函数，所以在我们需要支持的平台如 Linux、macOS 等上都需要提供对应的实现。这样做的好处是通用代码中总是能够得到一个来自特定平台的正确实现的结果。

图 9-4 中的 isAndroid 函数定义在 Android 特定的源码中，但它的实现逻辑却与定义在 JVM 中的 isJvm 函数几乎一致，因而它们的逻辑可以共享到 common 中。注意①是正常的平台源码对 common 源码的依赖，③则是 common 声明与平台实现的关系。

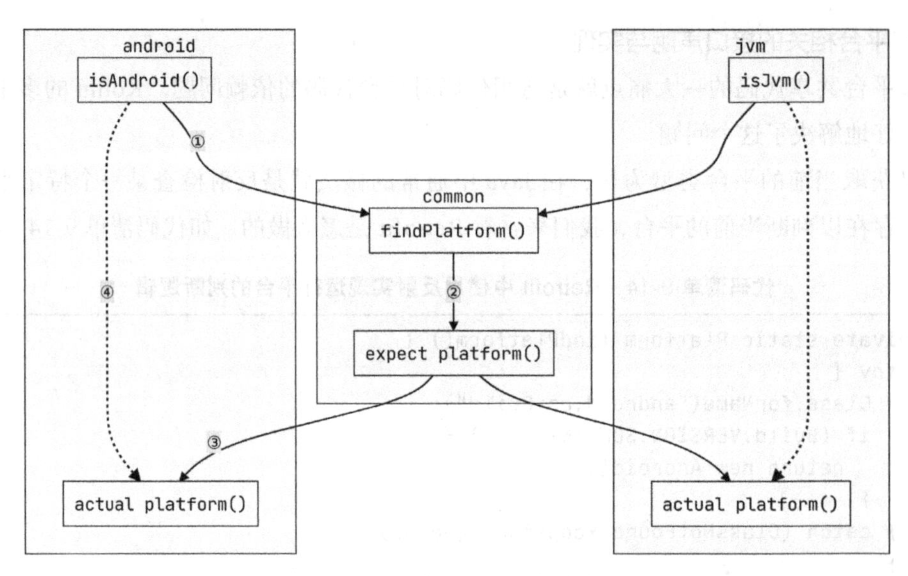

图 9-4 平台间实现逻辑共享

expect 和 actual 也可以被用来修饰类。这个特性使得通用代码反过来可以依赖平台的特定代码，使得 Kotlin 多平台特性充满了生机。

3. 与其他语言的互调用

与 Kotlin-Js 和 Kotlin-Jvm 类似，Kotlin-Native 也同样存在与其他语言互调用的问题，目前支持的语言包括 C、Objective-C（Swift），如图 9-5 所示。

实际上支持与 C 语言的互调用就在某种程度上为与其他语言的互调用提供了基础，我们可以通过 C 接口实现 Kotlin-Native 与 Java 的互调用，也可以以此实现与 Python 的互调用，唯一的前提就是目标语言支持导出 C 接口。

在 Kotlin-Js 中我们遇到了接口的类型声明问题，这个问题对于 C 语言同样存在，不同之处在于 JavaScript 是动态类型，不得已只能通过 TypeScript 的接口声明转换，而 C 语言是静态类型，可以直接使用头文件进行转换。

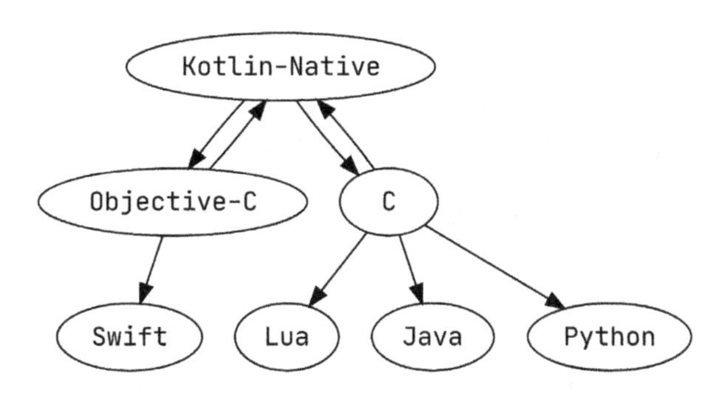

图 9-5　Kotlin-Native 与其他语言的互调用

在 C 中定义一个函数如代码清单 9-17 所示。

代码清单 9-17　定义用于外部调用的 C 函数

```
// Hello.h
void hello();

// Hello.c
#include "Hello.h"
#include <stdio.h>

void hello() {
  printf("Hello, World!\n");
}
```

我们要想在 Kotlin-Native 中调用这个函数，首先将它编译成一个静态库 libHello.a，将库和头文件放到工程目录中，如图 9-6 所示。

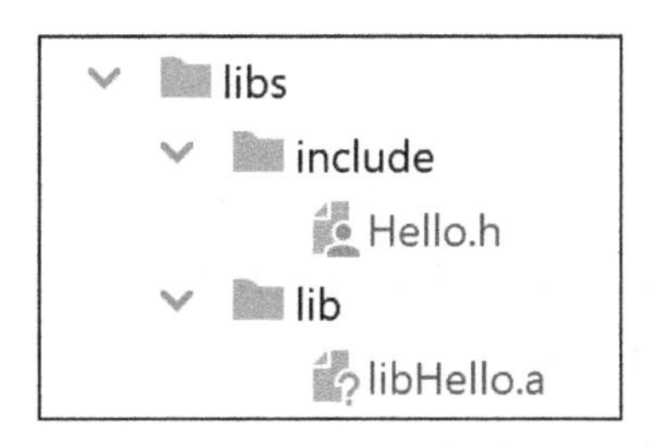

图 9-6　使用 C 语言编写的头文件与编译生成的库

以 Windows 平台为例，接着在 Kotlin-Native 工程中定义一个配置文件 hello.def，如代码清单 9-18 所示。

代码清单 9-18　Kotlin-Native 与 C 互调用的配置文件

```
headers = Hello.h

compilerOpts.mingw = -Ilibs/include
linkerOpts.mingw = -Llibs/lib -lHello
```

再在 Gradle 中引用这个配置文件，如代码清单 9-19 所示。

代码清单 9-19　添加配置文件

```
mingwX64 {
  binaries { ... }

  val hello by compilations.getByName("main").cinterops.creating {
    defFile(rootProject.file(" .../hello.def"))
  }
}
```

注意，这里要替换成配置文件的真实路径。

编译时生成的 Kotlin 声明如代码清单 9-20 所示。

代码清单 9-20　C 函数生成的 Kotlin 声明

```
...
package hello
...
@CCall("knifunptr_hello0_hello")
external fun hello(): Unit
```

这样我们就可以在 Kotlin-Native 中调用这个来自 C 语言的函数了。

另外，Kotlin-Native 也对 Objective-C 做了更加丰富的互调用支持，目的是方便实现 Android 与 iOS 的代码共享。篇幅所限，对这部分内容感兴趣的读者可自行参阅相关官方文档。

4. 并发模型

既然我们可以直接使用 C 语言的库，那么自然也就可以使用 pthread 库来添加并发能力了，不过我们不建议这样做。Kotlin-Native 使用其精心设计的 Worker 模型来实现并发，它的简单用法如代码清单 9-21 所示。

代码清单 9-21　Worker 模型的基本使用

```
val worker = Worker.start(name = "myWorker")
val future = worker.execute(TransferMode.SAFE, { Counter() }) { counter →
```

```
  println("counter: ${counter.num}")
  counter.num++
  counter
}
```

Counter 的定义很简单：

```
class Counter {
  var num = 0
}
```

这里我们通过 Worker.start 创建一个 Worker 实例，再通过 execute 函数启动任务，参数的含义如下。

- 参数传递模式：分为 SAFE 和 UNSAFE 两种，开发者通常应当使用 SAFE 模式以确保并发安全。
- 任务参数生成器：该函数的结果会作为任务执行体的参数传入，该函数在任务添加时执行。示例中新创建的 Counter 的实例即为任务执行体的参数。
- 任务执行体：任务执行体在任务被调度时执行，参数由前面的生成器给出，在 SAFE 模式下不能捕获外部任何状态，否则无法通过编译。

execute 函数的返回值是一个 Future<T> 类型的实例（注意不是 Java 中的 Future 类），我们可以通过它获取到启动的任务的结果：

```
future.consume { counter ->
  ...
}
```

这里的 counter 就是任务执行体返回的 counter，我们也可以直接通过 future.result 来获取这个值。不过需要注意的是，既然是 Future，那它的结果获取过程自然就被设计成了阻塞的，consume 函数的调用看似设置了一个回调进去，其实与直接读取 result 的效果几乎一致。

需要注意的是，SAFE 模式为什么就能确保并发安全呢？

我们在前面提到协程体最好是纯函数，不要捕获外部的状态，尽可能使用不可变的对象，这就是函数的纯粹性和对象的不变性。这一点在 SAFE 模式下几乎被强制执行。

- 一个对象要么是不变的，要么就不能在并发环境中被访问。
- 用于并发的函数体不得捕获外部状态。

所以如代码清单 9-22 所示代码是无法通过编译的。

代码清单 9-22　任务执行体非法捕获外部变量

```
val a = 100
val future = worker.execute(TransferMode.SAFE, { Counter() }) { counter ->
```

```
    println("捕获外部变量：$a")
    ...
}
```

在 Kotlin-Native 当中，以某一个对象为根节点，它所引用的对象递归地构成一个有向图，称为**对象图**（Object Graph）。对象图可以被冻结（freeze），冻结之后对象图中的对象都不可被修改：

```
val counter = Counter()
counter.freeze() // 冻结对象图
```

冻结的过程不可逆，因此冻结之后的对象就是并发安全的。对于冻结之后的对象，我们可以将它作为 Worker 任务的参数传入，如代码清单 9-23 所示。

代码清单 9-23 冻结后的对象作为任务的参数

```
worker.execute(TransferMode.SAFE, { counter }) {
    ...
}
```

如果 counter 没有冻结，作为任务的参数传入会在运行时抛出**不合法的对象图转移**（illegal transfer state）的异常。

我们也可以将一个对象图从当前的线程解绑，并在后续合适的时机绑定到其他线程。不管怎样，在 Kotlin-Native 中，一个对象或不可变，或同一时刻只能被一个线程访问。

9.2.2 Kotlin-Native 的协程支持

Kotlin-Native 上的协程因为 Worker 模型的存在显得并不怎么“自在”，毕竟协程的调度通常也离不开线程的切换，而 Worker 模型下的对象访问限制则成了协程实现的一个必须妥善解决的问题。

1. 协程的基本运用

在 Kotlin-Native 上使用协程的基本 API 与其他平台的类似，如代码清单 9-24 所示。

代码清单 9-24 Kotlin-Native 上协程的基本使用

```
GlobalScope.launch {
  println("1")
  delay(1000)
  println("2")
}.join()
```

我们也可以使用 Ktor Client 发送网络请求，使用 Kotlinx.Serialization 序列化对象，如代码清单 9-25 所示。

代码清单 9-25　Ktor Client 在 Kotlin-Native 上的应用

```
val client = HttpClient {
  install(JsonFeature) {
    serializer = KotlinxSerializer(Json.nonstrict)
  }
}
val user = client.get<User>("...")
println(user)
client.close()
```

实际上我们完全可以将这段代码放到任意一个 Kotlin 支持的平台上运行。相比 Kotlin-Js，Kotlin-Native 需要面临的运行环境更为复杂，通常也需要类似 Kotlin-Jvm 那样的多线程的运行环境，因此不能像 Kotlin-Js 那样只是简单地提供对 Promise 的扩展。

2. 协程的调度

在 Kotlin-Native 中，macOS、iOS 等平台有自己的主事件循环，因此协程为它们提供了单独的主调度器实现，即 Dispatchers.Main 会将协程调度到主事件循环对应的线程上执行；而对于 Linux、Windows 等平台，它们没有自己的主事件循环，因此主调度器采用了以默认调度器作为代理的实现。与 Kotlin-Js 不同的是，默认调度器目前基于单个后台线程实现，预计后续有望实现类似于 Kotlin-Jvm 上基于线程池的调度。

Kotlin-Native 上的协程切换线程的实现过程不像 Kotlin-Jvm 那么顺利，主要涉及的就是协程相关的对象在不同线程之间访问时如何自动控制对象的跨线程访问，并且避免内存泄露等问题。

官方协程框架在 1.3.3-native-mt 版本（Native 上协程实现的一个单独的分支版本）中已经支持基本的线程切换，为了清楚地看到线程切换的效果，我们定义一个 log 函数来打印输出并附带线程信息：

```
fun log(vararg msg: Any?) {
  println("[Thread-${pthread_self()}] ${msg.joinToString(" ")}")
}
```

其中 pthread_self 函数返回线程的 id，线程切换的示例如代码清单 9-26 所示。

代码清单 9-26　Kotlin-Native 上协程在不同线程上的调度器切换

```
GlobalScope.launch(Dispatchers.Default) {
  log(1)
  val job = launch(newSingleThreadContext("MyDispatcher")) {
    log(2)
```

```
      delay(1000)
      log(3)
    }
    log(4)
    job.join()
    log(5)
  }.join()
```

这段代码在 Kotlin-Jvm 上我们早已司空见惯，不过在 Kotlin-Native 上得以支持则是令人期盼已久了。这段程序在不同平台上运行，结果可能有细微的差异，在 Windows 上运行的结果如下所示：

```
[Thread-2] 1
[Thread-2] 4
[Thread-3] 2
[Thread-3] 3
[Thread-2] 5
```

其中 Thread-2 是默认调度器所在的线程，我们通过 newSingleThreadContext 创建的调度器在 Thread-3 上，Thread-1 自然就是程序启动时创建的主线程了。

需要注意的是，协程在切换的过程中传入、传出的对象都会被自动冻结以遵循 Worker 模型的对象不变性要求，如代码清单 9-27 所示。

代码清单 9-27　不同线程上的调度器切换引发的对象自动冻结

```
val result = withContext(newSingleThreadContext("MyDispatcher")){
  Counter()
}
// true
println(result.isFrozen)
// InvalidMutabilityException
println(++result.num)
```

示例中的 result 从 MyDispatcher 对应的线程中切换回来时就已经被冻结，因此后续对它的修改操作是非法的。

3. 都是 Worker 惹的祸

现有的 Worker 模型似乎为协程的支持带来了不少的“麻烦”。由于实现的难度较大，官方也迟迟没有给出像 Kotlin-Jvm 上那样基于多线程的灵活的协程实现，以至于有人甚至建议是否可以重新设计 Worker 模型。

实际上，Worker 模型的出现就是为了解决过去我们过分自由地使用内核线程的问题，由于可以自由使用内核线程，我们很难清楚地认识到在并发程序编写过程中充满的危险和陷阱，甚至有不少开发者连并发安全究竟是什么也无法分辨。可见不加限制地使用内核线程是存在很大隐患的。

Worker 模型就是自由使用和安全使用二者之间的平衡点。我们在前面深入剖析协程的调度实现时曾经提到，应当尽可能避免在协程体中捕获外部状态，尽可能使用纯函数，这些建议其实与 Worker 模型不谋而合。可以很确定的是，基于 Worker 模型实现的协程 API 会比 Kotlin-Jvm 上的协程版本更加安全。

9.3　本章小结

本章我们对 Kotlin-Js 和 Kotlin-Native 做了简单介绍，也探讨了 Kotlin 协程在这些平台上提供的支持情况。尽管与 Kotlin-Jvm 相比，其他平台的支持情况仍然有较多需要完善的地方，不过我们基本上也能大致看清楚其未来的发展方向。

Kotlin 项目组目前也正在多平台支持方面大量投入，快速迭代。相信不久的将来，在其他平台上运用 Kotlin 共享代码也能够像 Kotlin-Jvm 那样给开发者带来开发体验和开发效率上的全方位提升。

未来可期。

推荐阅读

深入理解
Java
虚拟机
JVM高级特性与最佳实践
第3版
Understanding the JVM

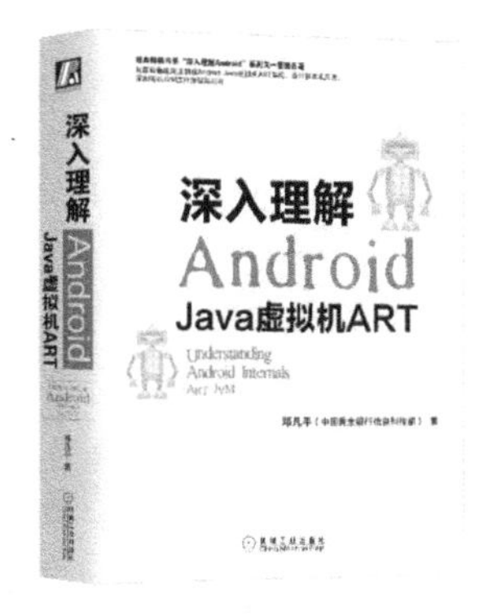
深入理解
Android
Java虚拟机ART

Java
并发编程的艺术
The Art of Java Concurrency Programming

重新定义
Spring Cloud实战

Spring Cloud微服务
入门、实战与进阶

HikariCP
数据库连接池实战

Spring Internals
Spring 技术内幕
深入解析Spring架构与设计原理
（第2版）
计文柯 著

数据
中台
让数据用起来
DATA MIDDLE OFFICE

中台
战略
中台建设与数字商业
MIDDLE-PLATFORM
STRATEGY

推荐阅读

Kotlin核心编程

书号：978-7-111-62431-8 作者：水滴技术团队 定价：89.00元

水滴技术团队出品，开源项目Quill核心贡献者章建良亲自执笔。

围绕Kotlin设计理念，深入阐述Kotlin设计哲学、基础语法、语言特性、设计模式、函数式编程、异步开发和工程实战等核心内容。